W. Stolz

Starthilfe Physik

Starthilfe
Physik

Ein Leitfaden für Studienanfänger
der Naturwissenschaften, des Ingenieurwesens
und der Medizin

Von Prof. Dr. rer. nat. Werner Stolz
Technische Universität Bergakademie Freiberg

 B. G. Teubner Verlagsgesellschaft
Stuttgart · Leipzig 1995

Prof. Dr. rer. nat. Werner Stolz

Geboren 1934 in Reichenberg/Nordböhmen. Ab 1954 Physikstudium in Leipzig. Diplom 1959. Promotion 1963. Von 1960 bis 1969 wissenschaftlicher Assistent, anschließend bis 1978 Hochschuldozent für Experimentalphysik an der Technischen Universität Dresden. 1969 Habilitation in Dresden. Seit 1978 o. Professor für Angewandte Physik an der TU Bergakademie Freiberg. Direktor des Instituts für Angewandte Physik.

Die Deutsche Bibliothek – CIP-Einheitsaufnahme

Stolz, Werner:
Starthilfe Physik : ein Leitfaden für Studienanfänger der
Naturwissenschaften, des Ingenieurwesens und der Medizin /
von Werner Stolz. –
Stuttgart ; Leipzig : Teubner, 1995

ISBN 978-3-8154-3020-0   ISBN 978-3-322-87608-9 (eBook)
DOI 10.1007/978-3-322-87608-9

Umschlaggestaltung: E. Kretschmer, Leipzig

Vorwort

Den Anstoß zu dieser Starthilfe hat der Teubner-Verlag in Leipzig gegeben. Die knappe Darstellung richtet sich an Schüler, die ein Studium aufnehmen wollen, und an Studienanfänger aller Fachrichtungen, die Physik im Nebenfach absolvieren. Die von der Schule her bekannten Grundlagen sollen wieder in Erinnerung gebracht, aber auch vertieft werden. Außerdem wird das Ziel verfolgt, den "roten Faden" eines zweisemestrigen Einführungskurses kenntlich zu machen. Von Beginn an wird den Studenten der konsequente Gebrauch der SI-Einheiten und der in DIN 1304 festgelegten Formelzeichen vermittelt.

Selbstverständlich soll diese kompakte "Starthilfe Physik" kein Lehrbuch ersetzen, sondern dazu anregen, gestützt auf ausführlichere Darstellungen, tiefer in das physikalische Geschehen einzudringen. Eine Auswahl empfehlenswerter moderner Physiklehrbücher ist im Anhang zu finden.

Für Schwierigkeiten im Fach Physik sind bekanntlich oft die unzureichenden mathematischen Fertigkeiten der Studienanfänger verantwortlich, obwohl im physikalischen Grundkurs die Anforderungen noch recht bescheiden bleiben. Das vorliegende Bändchen verdeutlicht, auf welchen Teilgebieten der Mathematik (Elementare Funktionen, Differential- und Integralrechnung von Funktionen einer Variablen, Grundzüge der Vektorrechnung) Vorkenntnisse erforderlich sind.

Zu einem tieferen Verständnis der physikalischen Zusammenhänge sind die parallel zur Experimentalvorlesung veranstalteten Rechenübungen und Praktika unentbehrlich. Im Anhang findet der Leser geeignete Aufgabensammlungen und Praktikumsanleitungen.

Mit dieser Starthilfe für Schüler und Studienanfänger möchte der Autor den Übergang von der Schule zur Hochschule erleichtern.

Mehreren Helfern danke ich herzlich. Herr Dr. P. Kirsten hat das Manuskript kritisch durchgesehen und viele wertvolle Hinweise gegeben. Frau A. Heinrich bewältigte gewissenhaft die mühevollen Schreibarbeiten. Die sorgfältige und sachkundige Anfertigung der Zeichnungen lag in den Händen von Frau M. Pawlik. Der B.G. Teubner Verlagsgesellschaft in Leipzig und speziell Herrn J. Weiß danke ich für die angenehme und verständnisvolle Zusammenarbeit.

Freiberg, im Mai 1995   Werner Stolz

Inhalt

Einleitung

1 Größen und Einheiten

1.1 Grundlagenfach Physik. Die *Physik* ist eine grundlegende *Naturwissenschaft*. Sie beschäftigt sich mit den Bestandteilen der Materie, ihren Wechselwirkungen und Eigenschaften.

Planmäßige *Experimente* sind die wichtigste Quelle physikalischer Erkenntnisse. Die in vielen Einzelbeobachtungen gewonnenen Erkenntnisse werden in Form von *Theorien* verdichtet und verallgemeinert. Hierbei dient die *Mathematik* als Sprache.

Alle anderen Naturwissenschaften werden von der Physik befruchtet. Sie bildet das Verbindungsglied zwischen ihnen. Die Grenzwissenschaften *Physikalische Chemie*, *Biophysik*, *Geophysik* und *Astrophysik* sind Beispiele hierfür.

Enge wechselseitige Beziehungen bestehen seit jeher zwischen *Physik* und *Technik*, denn die Physik ist die Grundlage der Technik. In den Ingenieurwissenschaften finden physikalische Gesetze breite Anwendung, aber auch für die *Medizin* gewinnen die Ergebnisse der physikalischen Forschung immer größere Bedeutung.

Für angehende Naturwissenschaftler, Ingenieure und Mediziner ist deshalb die Beschäftigung mit dem *Grundlagenfach Physik* eine Notwendigkeit. Das Ziel der Ausbildung beschränkt sich dabei nicht allein auf die Vermittlung solider Grundkenntnisse. Ein tieferes Verständnis wird erst dann erreicht, wenn es gelingt, die praktische Anwendung bekannter Naturgesetze durchschaubar zu machen. Der Studienanfänger soll ein Gespür für die Denkweise der Physik erlangen und lernen, mit einfachen Modellvorstellungen, physikalischen Größen und deren Einheiten sowie mit mathematischen Formulierungen umzugehen.

1.2 Physikalische Größen. Physikalische Größen beschreiben die meßbaren Merkmale von Objekten, Zuständen und Vorgängen. Die Messung einer *Größe G* besteht im Vergleich mit einer Bezugsgröße, die als *Einheit [G]* festgelegt ist. Die reelle Zahl, die angibt, wie oft die Einheit in der betrachteten Größe enthalten ist, heißt *Zahlenwert {G}* der Größe. Jede Größe kann als Produkt in der Form

$$\boxed{\begin{array}{c} \text{Größe} = \text{Zahlenwert} \times \text{Einheit} \\ G = \{G\} \times [G] \end{array}}$$

dargestellt werden.

Beispiel: Die Masse eines Körpers beträgt $m = 5$ kg. Es bedeuten:

m	die Größe Masse,
5 kg	der Wert der Größe m,
$\{m\} = 5$	der Zahlenwert der Größe m ist 5,
$[m] = $ kg	die Einheit der Größe m ist kg.

Falsch ist das Setzen von Einheitenzeichen in eckige Klammern.

Die Gesamtheit der Größen einer bestimmten Art bezeichnet man als *Größenart*. Größenarten sind beispielsweise Länge, Masse, Geschwindigkeit, elektrische Stromstärke, magnetische Feldstärke.

1.3 Internationales Einheitensystem. In Physik und Technik sowie im täglichen Leben wird seit 1960 das *Internationale Einheitensystem* verwendet (in allen Sprachen abgekürzt: SI = Système International d' Unités = International System of Units).

Basiseinheiten. Das SI beruht auf der Annahme von sieben Basisgrößenarten und den entsprechenden Basiseinheiten (siehe Tabelle 1).

Tabelle 1: Basisgrößenarten und Basiseinheiten

Basisgrößenart	Formel-zeichen	Name der Basiseinheit	Einheiten-zeichen
Länge	l	Meter	m
Masse	m	Kilogramm	kg
Zeit	t	Sekunde	s
Elektrische Stromstärke	I	Ampere	A
Thermodynamische Temperatur	T	Kelvin	K
Lichtstärke	I	Candela	cd
Stoffmenge	ν	Mol	mol

Es besitzt den großen Vorteil, daß bei Umrechnungen von Einheiten jegliche Umrechnungsfaktoren entfallen, wenn man für alle physikalischen Größen konsequent die SI-Einheiten benutzt.

Ebener Winkel und Raumwinkel. Die SI-Einheit des ebenen Winkels $\alpha = s/r$ ist der *Radiant* (rad). Hierbei ist s die Bogenlänge, die auf dem Umfang des Kreises vom Radius r durch zwei vom Mittelpunkt ausgehende Schenkel des Winkels α eingeschlossen wird (Abb. 1). Es ist

$$1 \text{ rad} = \frac{s = 1\,\text{m}}{r = 1\,\text{m}} = 1, \quad 1\,\text{rad} = 57{,}295° .$$

Die SI-Einheit des Raumwinkels $\Omega = A/r^2$ ist der *Steradiant* (sr).
Hierbei ist A die Fläche, die auf der Oberfläche einer Kugel mit dem Radius r durch die vom Kugelmittelpunkt ausgehende, den Raumwinkel Ω bildende Strahlenschar eingeschlossen wird (Abb. 1). Es ist

$$1 \text{ sr} = \frac{A = 1\,\text{m}^2}{r^2 = 1\,\text{m}^2} = 1 .$$

Oft werden rad und sr im Einheitenprodukt weggelassen und durch 1 ersetzt.

Abgeleitete Einheiten. Alle abgeleiteten Einheiten lassen sich durch Potenzprodukte der Basiseinheiten darstellen.

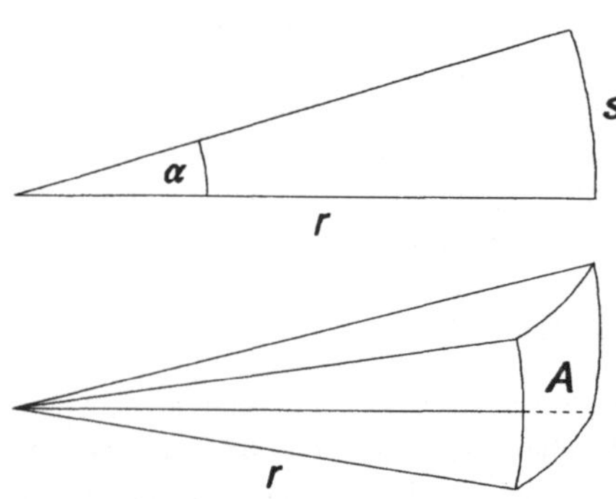

Abb. 1: Ebener Winkel und Raumwinkel

Die abgeleiteten Einheiten heißen *kohärent*, wenn lediglich der Zahlenfaktor 1 auftritt, anderenfalls *inkohärent*.

Beispiele für kohärente Einheiten:
Einheit der Geschwindigkeit
$[v] = 1$ m/s $= 1$ m s^{-1},
Einheit der elektrischen Spannung
$[U] = 1$ V $= 1$ m^2 s^{-3} kg A^{-1}.

Beispiele für inkohärente Einheiten:
Einheit der Zeit
$[t] = 1$ h $= 3600$ s,
Einheit der Leistung
$[P] = 1$ kW $= 10^3$ kg m^2 s^{-3}.

Einige kohärent aus den Basiseinheiten abgeleitete Einheiten haben selbständige Namen erhalten (Tabelle 2).

Tabelle 2 : Abgeleitete SI-Einheiten mit selbständigem Namen

Größenart	Formel-zeichen	Name der SI-Einheit	Einheiten-zeichen	Beziehung zu anderen SI-Einheiten
Frequenz	f, ν	Hertz	Hz	1 Hz = 1/s
Kraft	F	Newton	N	1 N = 1 kg m/s^2
Druck	p	Pascal	Pa	1 Pa = 1 N/m^2
Energie	E, W	Joule	J	1 J = 1 N m
Leistung	P	Watt	W	1 W = 1 J/s
Elektrische Ladung	Q	Coulomb	C	1 C = 1 A s
Elektrische Spannung	U	Volt	V	1 V = 1 W/A
Elektrische Kapazität	C	Farad	F	1 F = 1 C/V
Elektrischer Widerstand	R	Ohm	Ω	1 Ω = 1 V/A
Elektrischer Leitwert	G	Siemens	S	1 S = 1/Ω
Magnetischer Fluß	ϕ	Weber	Wb	1 Wb = 1 V s
Magnetische Flußdichte	B	Tesla	T	1 T = 1 Wb/m^2
Induktivität	L	Henry	H	1 H = 1 Wb/A
Lichtstrom	ϕ	Lumen	lm	1 lm = 1 cd sr
Beleuchtungsstärke	E	Lux	lx	1 lx = 1 lm/m^2
Energiedosis	D	Gray	Gy	1 Gy = 1 J/kg
Äquivalentdosis	H	Sievert	Sv	1 Sv = 1 J/kg
Aktivität	A	Becquerel	Bq	1 Bq = 1/s

Tabelle 3: Vorsätze zur Bildung von dezimalen Vielfachen und Teilen der SI-Einheiten

Vorsatz	Zeichen	Faktor
Exa	E	10^{18}
Peta	P	10^{15}
Tera	T	10^{12}
Giga	G	10^{9}
Mega	M	10^{6}
Kilo	k	10^{3}
Hekto	h	10^{2}
Deka	da	10
Dezi	d	10^{-1}
Zenti	c	10^{-2}
Milli	m	10^{-3}
Mikro	μ	10^{-6}
Nano	n	10^{-9}
Piko	p	10^{-12}
Femto	f	10^{-15}
Atto	a	10^{-18}

Dezimale Vielfache und Teile. SI-Einheiten sind für das praktische Rechnen oft zu groß oder zu klein. Zur Bildung von dezimalen Vielfachen und Teilen dürfen daher die in Tabelle 3 aufgeführten Vorsätze verwendet werden.

1.4 Dimension physikalischer Größen. Die *Dimension* einer Größenart beschreibt ihren Zusammenhang mit den Basisgrößenarten. Sie ist als Potenzprodukt der Basisgrößenarten mit dem Zahlenfaktor 1 definiert. Zur Kennzeichnung der Dimension verwendet man fettgedruckte Großbuchstaben (Tabelle 4).

Tabelle 4: Dimensionszeichen

Basisgrößenart	Dimensionszeichen
Länge	**L**
Zeit	**T**
Masse	**M**
Stromstärke	**I**
Temperatur	**Θ**
Stoffmenge	**N**
Lichtstärke	**J**

Beispiele:
Dimension der Geschwindigkeit dim $v = \mathbf{L\,T^{-1}}$,
Dimension der Kraft dim $F = \mathbf{L\,T^{-2}\,M}$.

Verschiedene Größenarten können durchaus die gleiche Dimension besitzen. Arbeit und Drehmoment sind dimensionsgleich: $\mathbf{L^2\,T^{-2}\,M}$ (s. 4.1 und 6.2).

Mit der Einführung des SI hat der Dimensionsbegriff an Bedeutung verloren. Zur Überprüfung der Richtigkeit physikalischer Rechnungen ist er aber nach wie vor sehr nützlich. Durch eine *Dimensionskontrolle* sollten sich insbesondere Anfänger stets Gewißheit darüber verschaffen, daß Größen, die durch Gleichheits-, Plus- oder Minuszeichen miteinander verknüpft sind, die gleiche Dimension haben. Das ist eine immer notwendige, aber nicht hinreichende Bedingung für die Richtigkeit einer physikalischen Gleichung.

Neben dimensionsbehafteten Größen gibt es auch solche, die keine Dimension haben. Sie werden oft dimensionslose Größen genannt, sollten aber richtiger als *Größen der Dimension Eins* bezeichnet werden. Ein typisches Beispiel hierfür sind alle *Verhältnisgrößen*. Der Quotient aus Lichtgeschwindigkeit im Vakuum und Lichtgeschwindigkeit in einem Medium, die Brechzahl $n = c_o/c$, ist eine solche Größe der Dimension 1. Auch die Argumente der in physikalischen Gesetzmäßigkeiten häufig auftretenden trigonometrischen Funktionen, Logarithmusfunktionen und Exponentialfunktionen müssen immer die Dimension 1 haben.

Beispiel: Harmonische Schwingung $x(t) = x_m \sin \omega\, t$, das Argument $\omega\, t$ der Sinusfunktion hat die Dimension $\mathbf{T^{-1}\,T}$.

Zwischen den Begriffen *Dimension* und *Einheit* muß man stets streng unterscheiden.

Die Verwendung des Wortes Dimension anstelle von Einheit ist falsch.

1.5   Skalare und Vektoren. *Skalare* sind durch Zahlenwert und Einheit vollständig bestimmt. Mit Skalaren rechnet man wie mit reellen Zahlen. Als Formelzeichen dienen zu ihrer Kennzeichnung große und kleine Buchstaben des lateinischen und des griechischen Alphabets.

Beispiele: Masse m, Temperatur T, Dichte ρ, Lichtstrom ϕ.

Vektoren erfordern zusätzlich die Angabe einer Richtung. Der Zahlenwert mit der Einheit heißt *Betrag* des Vektors. Graphisch stellt man Vektoren durch Pfeile dar (Abb. 2). Die Pfeilrichtung entspricht der Richtung des Vektors, die Pfeillänge ist ein Maß für seinen Betrag.

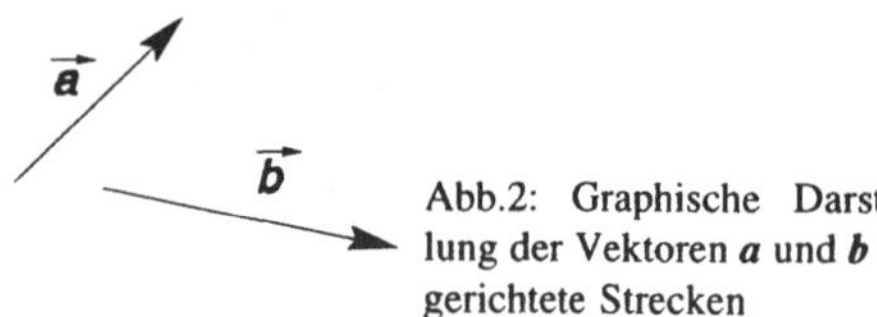

Abb.2: Graphische Darstellung der Vektoren a und b als gerichtete Strecken

Vektoren werden im Druck oft durch fette lateinische oder griechische Buchstaben dargestellt:

$$\boldsymbol{a}\,,\ \boldsymbol{A}\,,\ \boldsymbol{\omega}\,,\ \boldsymbol{\Omega}\,.$$

In der Schreibschrift sind auch gewöhnliche Buchstaben mit darübergesetztem Pfeil üblich:

$$\vec{a}\,,\ \vec{A}\,,\ \vec{\omega}\,,\ \vec{\Omega}\,.\ ^{1)}$$

---

[1] In diesem Buch werden Vektoren im Text durch fette Buchstaben und in den Abbildungen durch Buchstaben mit darübergesetzten Pfeilen bezeichnet.

Der Betrag eines Vektors wird mit gewöhnlichen Buchstaben oder mit Absolutstrichen bezeichnet:

$$a, \; |a|, \; |\vec{a}| \, .$$

Einheitsvektoren (Einsvektoren) sind Vektorgrößen mit Dimension und Betrag Eins:

$$e = \frac{a}{a} \quad \text{bzw.} \quad e = \frac{a}{|\vec{a}|} \, .$$

Sie dienen lediglich zur Richtungsangabe.

Physikalische Größen mit Vektorcharakter sind z.B. die Geschwindigkeit v, der Weg s, der Impuls p und die elektrische Feldstärke E.

Um Fehler zu vermeiden, sei auf folgendes hingewiesen: falsch ist die Schreibweise $v = 10$ m/s, weil 10 m/s nur den Betrag, nicht aber die Richtung des Geschwindigkeitsvektors wiedergibt. Richtig ist $v = 10$ m/s.

Für das Rechnen mit Vektoren gelten besondere Regeln. Auf einige Grundbegriffe der Vektorrechnung wird an verschiedenen Stellen des Buches eingegangen.

1.6 Physikalische Gleichungen. Die Beschreibung physikalisch-technischer Sachverhalte erfolgt bevorzugt in Form von Gleichungen. Man unterscheidet vier Arten von physikalischen Gleichungen:

Größengleichungen. In Größengleichungen bedeuten die Formelzeichen physikalische Größen, d.h. Produkte aus Zahlenwert und Einheit. Sie kommen hauptsächlich in der Physik vor.

Beispiel: Newtonsches Grundgesetz der Mechanik $F = m\,a$.

Zugeschnittene Größengleichungen. Unter einer zugeschnittenen Größengleichung versteht man eine Gleichungsschreibweise, bei der stets die Quotienten aus Größe und jeweils gewünschter Einheit auftreten. Diese Quotienten stellen somit reine Zahlenwerte dar.

Beispiel: Ohmsches Gesetz $\dfrac{U}{V} = \dfrac{R}{\Omega}\,\dfrac{I}{A}$.

Zahlenwertgleichungen. In Zahlenwertgleichungen symbolisieren die Formelzeichen lediglich die Zahlenwerte der Größen. Diese Gleichungen gelten nur für die gewählten Einheiten, die unbedingt mit angegeben werden müssen. Bei Verwendung anderer Einheiten ergeben sich völlig falsche Werte. Auf den Gebrauch von Zahlenwertgleichungen sollte man möglichst verzichten.

Beispiel: Ohmsches Gesetz $U = 10^{-3}\,I\,R$ mit U in V, I in mA, R in Ω.

Einheitengleichungen. Größengleichungen, in denen nur Einheiten und Zahlenwerte auftreten, heißen Einheitengleichungen. Sie dienen zur Definition von Einheiten und abgeleiteten Einheiten sowie zur Aufstellung von Umrechnungsbeziehungen für verschiedene Einheiten von Größen derselben Art.

Beispiel:
1 Pa = 1 N m^{-2}, 1 kWh = 3,6 MJ.

1.7 Darstellung physikalischer Ergebnisse. *Tabellen.* Die Ergebnisse von Messungen werden oft in Tabellenform dargestellt. Tabellen erhalten Überschriften, die den Sachverhalt kurz charakterisieren. Die Angaben in den Tabellenköpfen müssen eindeutig sein. Die physikalischen Größen werden mit Hilfe ihres Formelzeichens aufgeführt und die Einheiten unter Verwendung des Wortes "in" angegeben. Eine andere Möglichkeit besteht darin, in die Tabellenköpfe die Quotienten aus Größe und Einheit einzutragen. Es ist unzulässig, Einheitensymbole in Klammern zu setzen.

Tabelle 5: Elastizitätsmodul E für einige Stoffe

Stoff	E in GPa	E/GPa
Aluminium	70	70
Eisen	211	211
Hartgummi	5	5
Quarzglas	73	73

Graphische Darstellungen. Graphische Darstellungen (Diagramme) sind ein häufig verwendetes Mittel, um funktionelle Zusammenhänge zwischen Veränderlichen visuell wiederzugeben. Vorwiegend erfolgt die Darstellung im ebenen rechtwinkligen kartesischen Koordinatensystem. Man unterscheidet *qualitative* und *quantitative* Darstellungen.
Bei qualitativen Darstellungen kommt es nur auf den charakteristischen Verlauf der voneinander abhängigen Größen an. Das Koordinatensystem hat keine Teilung. Es genügt die Angabe von Formelzeichen und physikalischer Größe an jeder Achse.

Bei quantitativen Darstellungen sollen an den Kurven die zu den Größen gehörenden Zahlenwerte abgelesen werden. Man muß daher auf Abszissen- und Ordinatenachse je eine bezifferte Teilung (Skale) auftragen. Es sind überwiegend lineare und logarithmische Teilungen der Achsen üblich. Die zu den Zahlenwerten gehörenden Einheitenzeichen stehen am rechten Ende der Abszissenachse und am oberen Ende der Ordinatenachse zwischen den letzten beiden Zahlen der Skalen.

Die Schreibweise für Größe und Einheit in Bruchform ist auch möglich. Schließlich kann die Einheit mit dem Wort "in" an den Größennamen oder das Formelzeichen angeschlossen werden.

Keinesfalls darf man die Einheit in Klammern setzen. Jedes Diagramm erhält eine Abbildungsunterschrift.

An Hand von Beispielen gibt Abb. 3 Möglichkeiten der richtigen Beschriftung qualitativer (a,b) und quantitativer (c,d,e) graphischer Darstellungen wieder.

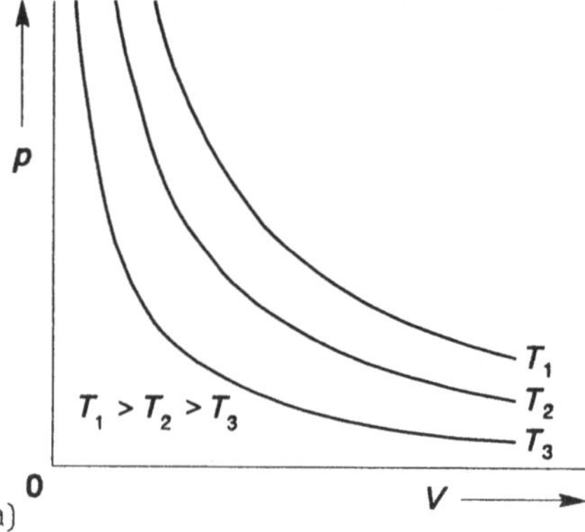

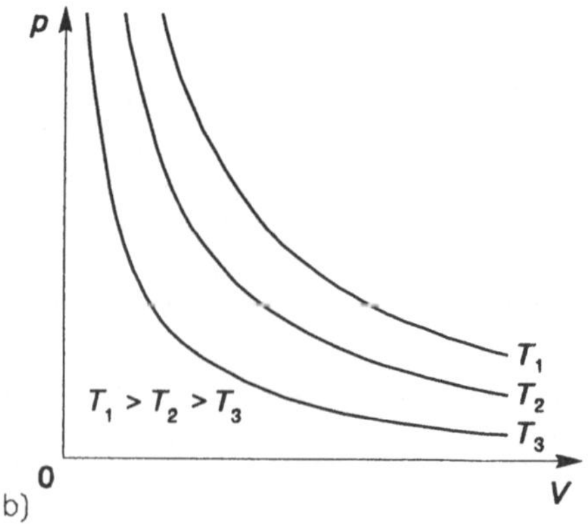

Abb. 3a,b: p,V-Diagramm der isothermen Zustandsänderung des idealen Gases

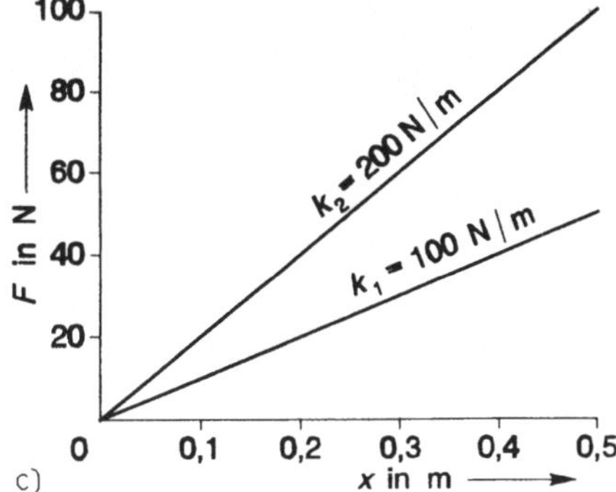

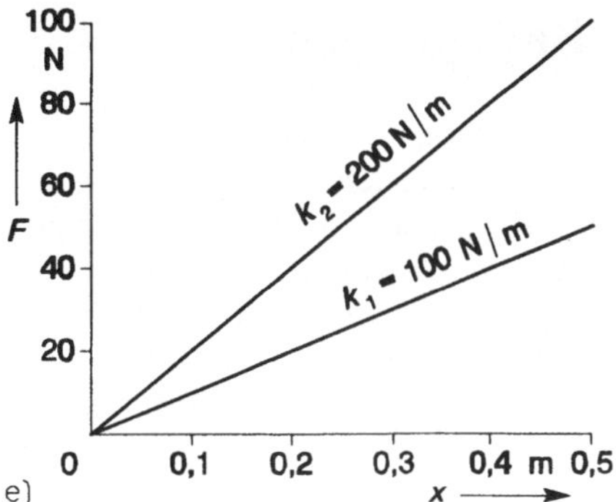

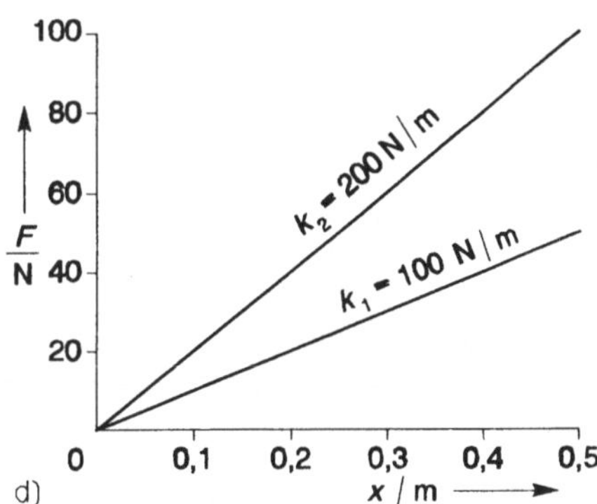

Abb. 3c,d,e: Kraft-Weg-Diagramm zum linearen Kraftgesetz $F = k\,x$ für zwei Federn mit unterschiedlichen Federkonstanten k

Mechanik

2 Bewegungen

2.1 Bezugssystem. Wenn sich ein Körper bewegt, so verändert er gegenüber einem anderen Körper seinen Ort. Jede Bewegung ist eine *Relativbewegung*. Es wird willkürlich angenommen, daß der Bezugskörper ruht. Ihm wird ein dreidimensionales Koordinatensystem, das *Bezugssystem*, zugeordnet. Es dient der Lagebeschreibung der bewegten Körper. Zur Darstellung von Bewegungen auf der Erde wird meist die ruhend gedachte Erdoberfläche als Bezugssystem gewählt.

2.2 Massenpunkt. Für die Behandlung einfacher Bewegungsvorgänge bewährt sich das Modell des *Massenpunktes* (auch Punktmasse). Unter dem Massenpunkt versteht man einen idealisierten Körper, dessen Gesamtmasse in einem Punkt konzentriert ist. Seine Lage im Raum kann durch drei Ortskoordinaten festgelegt werden. Massenpunkte gibt es in Wirklichkeit nicht. Es hängt von den Bedingungen der Aufgabenstellung ab, ob man einen Körper vereinfacht als Massenpunkt behandeln darf oder nicht.

2.3 Geschwindigkeit. Bei der *geradlinig gleichförmigen Bewegung* legt ein Massenpunkt in gleichen Zeitabschnitten gleiche Wegstrecken auf gerader Bahn zurück. Die Weg-Zeit-Kurve ist eine Gerade (Abb. 4).

Die Geschwindigkeit des Massenpunktes ist durch den Differenzenquotienten

$$v = \frac{x_2 - x_1}{t_2 - t_1} = \frac{\Delta x}{\Delta t} = \text{const}$$

definiert. Bei der geradlinig gleichförmigen Bewegung ist die Geschwindigkeit zeitlich konstant und zwar nach Betrag und Richtung.

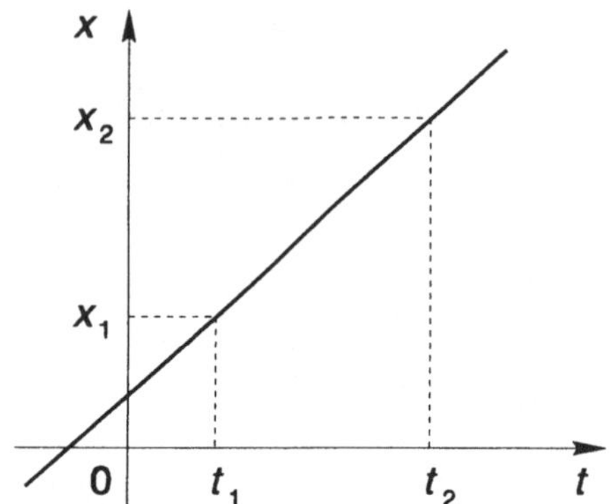

Abb. 4: Weg-Zeit-Kurve der geradlinig gleichförmigen Bewegung

Einheit der Geschwindigkeit:
$[v] = 1 \text{ m/s} = 1 \text{ m s}^{-1}$.

Bei der *geradlinig ungleichförmigen Bewegung* entsteht im Weg-Zeit-Diagramm eine gekrümmte Kurve (Abb. 5).

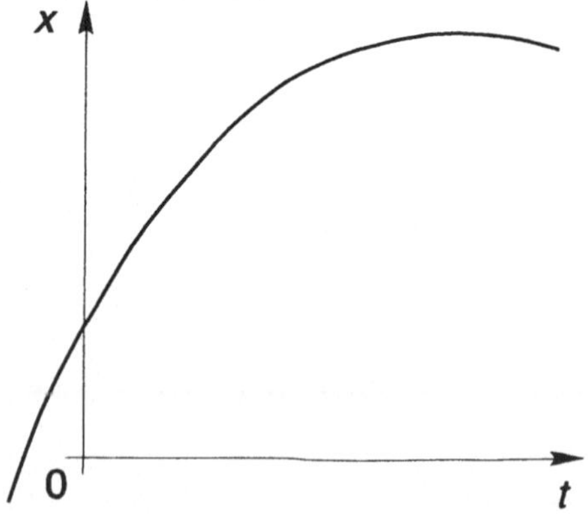

Abb. 5: Weg-Zeit-Kurve der geradlinig ungleichförmigen Bewegung

Die Geschwindigkeit ist von Ort zu Ort verschieden. Der Differenzenquotient $\Delta x/\Delta t$ verliert seinen Sinn. Für hinreichend kleine Zeitintervalle $\Delta t \rightarrow 0$ nähert sich sein Wert einem Grenzwert, dem *Differentialquotienten*[1]

$$v = \lim_{\Delta t \rightarrow 0} \frac{\Delta x}{\Delta t} = \frac{\mathrm{d}x}{\mathrm{d}t} = \dot{x} \ .$$

Die Geschwindigkeit ist der Differentialquotient des Weges nach der Zeit.

2.4 Beschleunigung. Ist die Geschwindigkeit v eine Funktion der Zeit, heißt die Bewegung *beschleunigt*. Ändert sich v in gleichen Zeitintervallen Δt um gleiche und gleichgerichtete Beträge Δv, nennt man die Bewegung *gleichmäßig beschleunigt*. Im Geschwindigkeit-Zeit-Diagramm ergibt sich eine Gerade (Abb. 6).

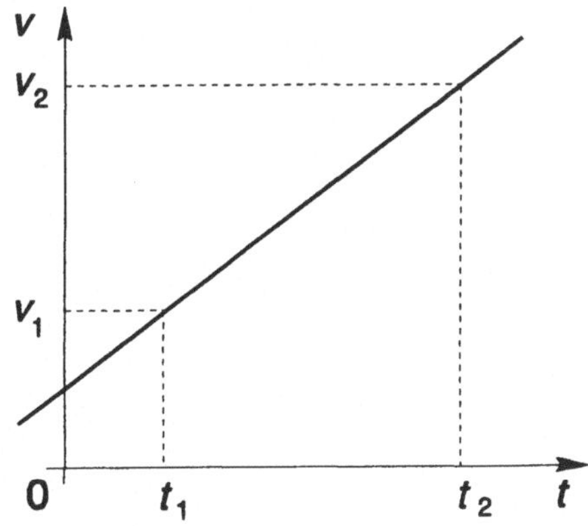

Abb. 6: Geschwindigkeit-Zeit-Kurve der gleichmäßig beschleunigten Bewegung

Die Beschleunigung a ist konstant. Sie wird durch den Differenzenquotienten

$$a = \frac{v_2 - v_1}{t_2 - t_1} = \frac{\Delta v}{\Delta t} = \text{const}$$

gemessen. Eine negative Beschleunigung heißt *Verzögerung*.

Einheit der Beschleunigung:

$$[a] = \frac{[v]}{[t]} = 1 \ \frac{\mathrm{m}}{\mathrm{s}^2} = 1 \ \mathrm{m} \ \mathrm{s}^{-2} \ .$$

Im allgemeinen ist die Bewegung *ungleichmäßig beschleunigt*. Die Geschwindigkeit-Zeit-Kurve ist gekrümmt (Abb. 7).

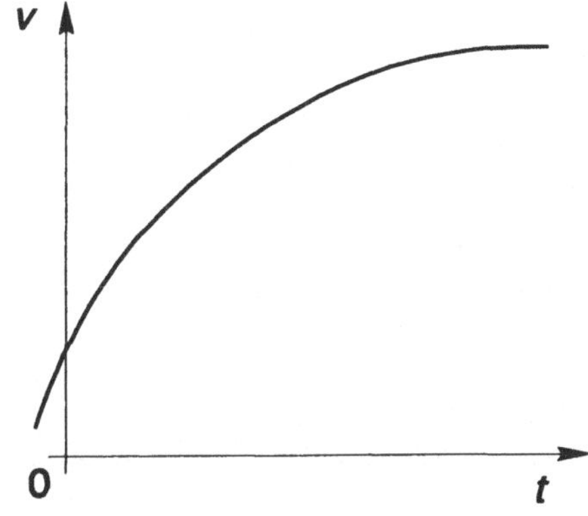

Abb. 7: Geschwindigkeit-Zeit-Kurve der ungleichmäßig beschleunigten Bewegung

Die Beschleunigung eines geradlinig bewegten Massenpunktes ist daher allgemein durch den Grenzwert

$$a = \lim_{\Delta t \rightarrow 0} \frac{\Delta v}{\Delta t} = \frac{\mathrm{d}v}{\mathrm{d}t} = \frac{\mathrm{d}^2 x}{\mathrm{d}t^2} = \ddot{x}$$

gegeben. Die Beschleunigung ist der Differentialquotient der Geschwindigkeit nach

---

[1] Bei Differentiationen nach der Zeit wird oft ein Punkt über die zu differenzierende Größe gesetzt.

der Zeit oder der zweite Differentialquotient des Weges nach der Zeit.

2.5 Konstante Beschleunigung. Für den Sonderfall einer gleichmäßig beschleunigten Bewegung in x-Richtung gilt

$$v = \frac{\mathrm{d}x}{\mathrm{d}t} \text{ und } a = \frac{\mathrm{d}v}{\mathrm{d}t} = \text{const.}$$

Durch Integration (unbestimmtes Integral) folgt

$$v = \int \mathrm{d}v = a \int \mathrm{d}t = at + k_1.$$

Nochmalige Integration ergibt

$$x = \int v\,\mathrm{d}t = \int (at + k_1)\,\mathrm{d}t$$
$$= \frac{1}{2}at^2 + k_1 t + k_2.$$

Die Integrationskonstanten k_1 und k_2 bestimmt man aus den *Anfangsbedingungen*. Zur Zeit $t = 0$ hat der Massenpunkt die Geschwindigkeit $v = v_0 = k_1$ und befindet sich am Ort $x = x_0 = k_2$. Die Gesetze der gleichmäßig beschleunigten Bewegung lauten

$$v = at + v_0 ,$$
$$x = \frac{1}{2} at^2 + v_0 t + x_0 .$$

2.6 Freier Fall. Der freie Fall ist eine gleichmäßig beschleunigte Bewegung. Die *Fallbeschleunigung* $a = g$ hängt vom Ort ab. Oft rechnet man mit der international festgelegten *Normfallbeschleunigung*

$$g_\mathrm{n} = 9{,}80665 \text{ m s}^{-2}.$$

Aus den Bewegungsgesetzen für die gleichmäßig beschleunigte Bewegung ergeben sich mit $v_0 = 0$, $x_0 = 0$, $x = h$ und $a = g$ die Gesetze des freien Falls (ohne Berücksichtigung des Luftwiderstandes):

$$v = gt, \quad h = \frac{1}{2} gt^2 ,$$
$$t = \sqrt{\frac{2h}{g}} , \quad v = \sqrt{2gh} .$$

2.7 Überlagerung von Bewegungen. Führt ein Körper zwei Bewegungen gleichzeitig aus (Schiff überquert Fluß senkrecht zur Strömung), so ändert sich das Endergebnis nicht, wenn man die Bewegungen nacheinander während derselben Zeit ausgeführt denkt (*Superpositionsprinzip*).

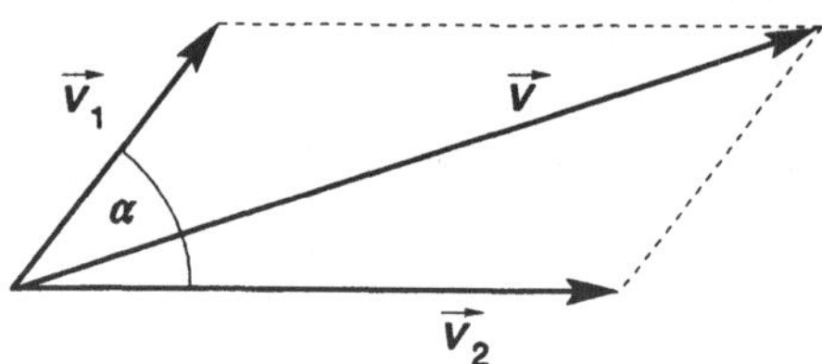

Abb. 8: Addition zweier Geschwindigkeitsvektoren (Parallelogramm der Bewegungen)[1]

Die Geschwindigkeit v ist ein Vektor. Bei einer aus zwei Teilbewegungen zusammengesetzten Bewegung ist die resultierende Geschwindigkeit gleich der *Vektorsumme*

$$v = v_1 + v_2.$$

Sie ist gleich der Diagonale des Parallelogramms, dessen Seiten von den Geschwindigkeitsvektoren v_1 und v_2 gebildet werden (Abb. 8).

---

[1] Analog gibt es Parallelogramme der Beschleunigungen und Kräfte.

Bilden v_1 und v_2 miteinander den Winkel α, so folgt aus dem Kosinussatz für den Betrag der resultierenden Geschwindigkeit

$$v = \sqrt{v_1^2 + v_2^2 + 2v_1 v_2 \cos \alpha} \ .$$

Oft ist es zweckmäßig, einen Vektor in *Komponenten* zu zerlegen (Projektion auf die Koordinatenachsen, Abb. 9):

$$v_x = v \cos \varphi \ ,$$
$$v_y = v \sin \varphi \ ,$$
$$v = \sqrt{v_x^2 + v_y^2} \ .$$

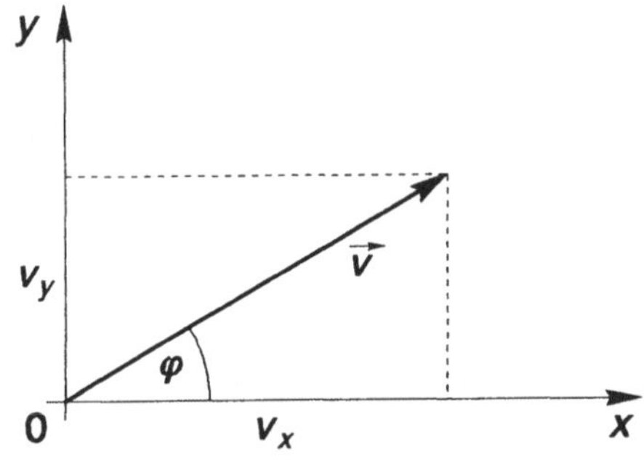

Abb. 9: Komponentenzerlegung des Geschwindigkeitsvektors v

2.8 Schräger Wurf. Ein Körper wird mit der Anfangsgeschwindigkeit v_0 unter dem Winkel φ zur Horizontalen schräg aufwärts geworfen (Abb. 10). Die Bewegung setzt sich aus zwei voneinander unabhängigen Teilbewegungen zusammen, einer gleichförmig geradlinigen Bewegung und einer gleichmäßig beschleunigten Fallbewegung (Luftwiderstand vernachlässigt).

Zerlegung des Vektors der Anfangsgeschwindigkeit v_0 und des Beschleunigungsvektors g in die Komponenten:
$v_{0x} = v_0 \cos \varphi$, $v_{0z} = v_0 \sin \varphi$, $a_x = 0$, $a_z = -g$ (negative z-Achse in Richtung von g). Erfolgt der Start im Koordinaten-

ursprung, gilt $x_0 = 0$ und $z_0 = 0$. Somit folgt (s. 2.5)

$$v_x = a_x t + v_{0x} = v_0 \cos \varphi \text{ und}$$
$$v_z = a_z t + v_{0z} = -gt + v_0 \sin \varphi.$$

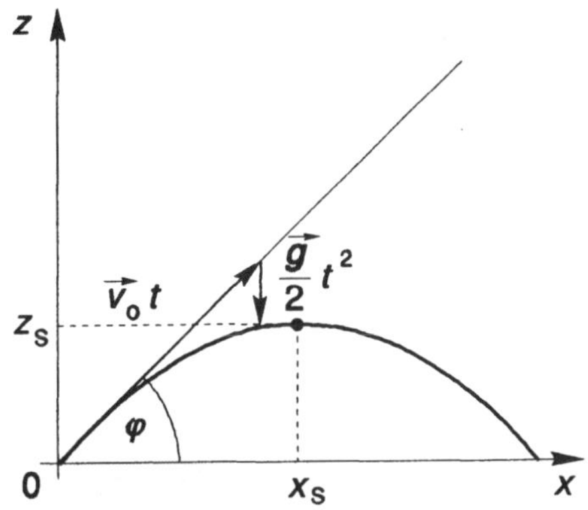

Abb. 10: Schräger Wurf

Durch Integration erhält man bei Beachtung der Anfangsbedingungen $x = v_0 t \cos \varphi$

und $z = -\dfrac{1}{2} g t^2 + v_0 t \sin \varphi$. Elimination der Zeit t ergibt

$$z = x \tan \varphi - \frac{g}{2 v_0^2 \cos^2 \varphi} x^2 \text{ und} \quad \text{nach}$$

Umformung die Gleichung der Bahnkurve des Körpers:

$$\left(x - \frac{v_0^2}{2g} \sin 2\varphi \right)^2 = -\frac{2 v_0^2 \cos^2 \varphi}{g} \left(z - \frac{v_0^2}{2g} \sin^2 \varphi \right).$$

Die Bahnkurve ist eine nach der negativen z-Achse geöffnete *Parabel* mit den Scheitelkoordinaten

$$x_s = \frac{v_0^2}{2g} \sin 2\varphi \quad \text{(Wurfweite } 2 x_s\text{) und}$$

$$z_s = \frac{v_0^2}{2g} \sin^2 \varphi \quad \text{(Wurfhöhe).}$$

Die größte Wurfweite wird für $\varphi = 45°$ erreicht.

2.9 Kreisbewegung. Der Umlauf eines Massenpunktes auf einer Kreisbahn ist eine *beschleunigte Bewegung*. Die Richtung des Geschwindigkeitsvektors *v* ändert sich laufend (Abb. 11). Er hat stets die Richtung der Bahntangente.

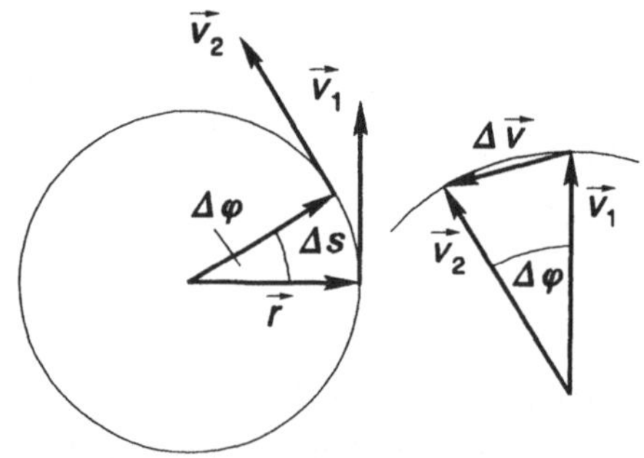

Abb. 11: Gleichförmige Kreisbewegung

Bei der *gleichförmigen Kreisbewegung* ist der Betrag der Bahngeschwindigkeit *v* konstant. Der Massenpunkt legt in der Zeit Δt den Weg $\Delta s = v\,\Delta t$ längs des Kreises zurück. Dabei überstreicht der vom Mittelpunkt zum Bahnpunkt gerichtete Radiusvektor den im Bogenmaß gemessenen Winkel $\Delta\varphi$. Es gilt $\Delta s = r\,\Delta\varphi$. Der Quotient aus überstrichenem Winkel und dazu benötigter Zeit heißt *Winkelgeschwindigkeit*:

$$\omega = \frac{\Delta\varphi}{\Delta t}\,.$$

Einheit der Winkelgeschwindigkeit:
$[\omega] = 1 \text{ rad/s} = 1\text{ s}^{-1}$.

Zwischen Bahngeschwindigkeit und Winkelgeschwindigkeit besteht der Zusammenhang

$$v = \frac{\Delta s}{\Delta t} = r\,\frac{\Delta\varphi}{\Delta t} = r\omega\,.$$

Für einen vollen Umlauf ($\Delta\varphi = 2\,\pi$) benötigt der Massenpunkt die *Umlaufzeit T*. Somit ist

$$\omega = \frac{2\pi}{T} = 2\pi f\,.$$

Die Größe *f* heißt *Drehfrequenz* oder *Drehzahl*.

Einheit der Drehfrequenz:
$[f] = 1/\text{s} = 1 \text{ Hertz (Hz)}$.

Der mit der Winkelgeschwindigkeit identische Ausdruck $2\pi f$ wird auch *Kreisfrequenz* genannt. Die Beschleunigung muß senkrecht zu *v* stehen, weil sich nur die Richtung der Geschwindigkeit ändert. Sie zeigt stets vom Bahnpunkt zum Mittelpunkt des Kreises und wird daher *Radialbeschleunigung a_r* genannt. Bei kleinem Winkel $\Delta\varphi$ gilt nach Abb. 11 $\Delta v = v\,\Delta\varphi$. Somit ist

$a_r = v\,\dfrac{\Delta\varphi}{\Delta t} = v\,\omega$. Für den Betrag der Radialbeschleunigung ergeben sich die Beziehungen

$$a_r = v\omega = r\omega^2 = \frac{v^2}{r}\,.$$

Der vektorielle Charakter kommt durch folgende Schreibweise zum Ausdruck:

$$a_r = -r\omega^2 = -\frac{v^2}{r}\,e_r = -\frac{v^2}{r}\,\frac{r}{r}.$$

Der Einheitsvektor $e_r = \dfrac{r}{r}$ hat die Richtung des Radiusvektors r. Das Minuszeichen besagt, daß der Beschleunigungsvektor in radialer Richtung entgegen r auf den Kreismittelpunkt zeigt.

Bei der *beschleunigten Kreisbewegung* ist die Winkelgeschwindigkeit nicht konstant. Der Differenzenquotient muß wieder durch den Differentialquotient

$$\omega = \frac{d\varphi}{dt} = \dot{\varphi}\ .$$

ersetzt werden. Die Größe

$$\alpha = \frac{d\omega}{dt} = \dot{\omega}\ \text{bzw.}$$
$$\alpha = \frac{d^2\varphi}{dt^2} = \ddot{\varphi}$$

heißt *Winkelbeschleunigung*. Der Massenpunkt erfährt außerdem eine tangential gerichtete *Bahnbeschleunigung*

$$a_s = \frac{dv}{dt} = r\frac{d\omega}{dt} = r\alpha\ .$$

3 Newtonsche Axiome

3.1 Kraft und Masse. Die Ursache für die Bewegungsänderung eines Körpers heißt *Kraft*. Kräfte bewirken beschleunigte Bewegungen (dynamische Wirkung, s. 3.2). Jede Kraft rührt von einem anderen Körper her und besitzt einen Angriffspunkt. Da Bewegungsänderungen gerichtet erfolgen, ist die Kraft eine vektorielle Größe.

Andererseits können Kräfte Körper deformieren und Spannungen in ihnen hervorrufen (statische Wirkung). Durch eine äußere Kraft F_a wird eine Schraubenfeder gedehnt (Abb. 12), und es wirkt eine entgegengesetzt gerichtete elastische Kraft F_e (s. 3.4). Die Längenänderung ist der Kraft proportional

$$F_a = kx,\ F_e = -kx\ .$$

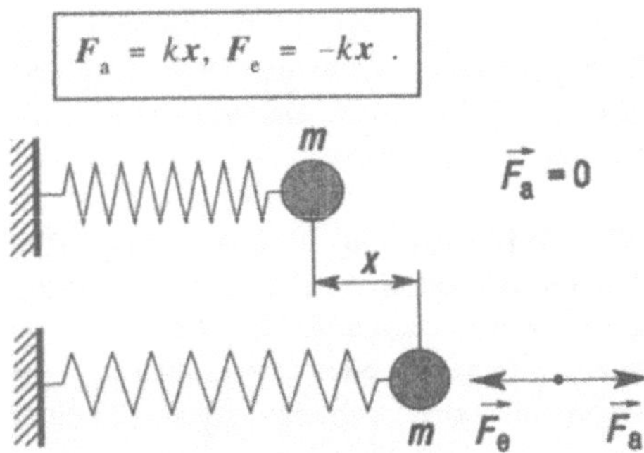

Abb. 12: Dehnung einer Schraubenfeder

Der von den Eigenschaften der Feder abhängige Faktor k heißt *Federkonstante*. Kalibrierte Schraubenfedern dienen als Kraftmesser.

Jeder Körper setzt einer Änderung seines Bewegungszustandes einen Widerstand entgegen (s. 3.2). Als Maß für seine Trägheit dient die *Masse*.

Einheit der Masse: $[m] = 1$ kg.

3.2 Trägheitsprinzip. Das bereits von GALILEI formulierte Trägheitsprinzip hat NEWTON an die Spitze seiner 1687 veröffentlichten Axiome[1] der Mechanik gestellt.

Jeder Körper verharrt im Zustand der Ruhe oder der geradlinig gleichförmigen Bewegung, wenn er nicht durch äußere Kräfte gezwungen wird, diesen Bewegungszustand zu ändern.

Somit kann man auch schreiben

$$v = \text{const für } F = 0 \, .$$

Das Trägheitsprinzip besagt, daß immer Kräfte die Ursache für die beschleunigte Bewegung der Körper sind.

Bezugssysteme, in denen das Trägheitsprinzip gilt, heißen *Inertialsysteme* (lat: inertia = Trägheit).

3.3 Aktionsprinzip. Während das Trägheitsprinzip die Kraft allgemein als Ursache einer Beschleunigung definiert, gibt das Aktionsprinzip oder Grundgesetz der Mechanik den genauen Zusammenhang zwischen beiden Größen wieder.

Die an einem Massenpunkt angreifende Kraft ist gleich dem Produkt aus Masse mal Beschleunigung:

$$F = ma \, .$$

Kraft und Beschleunigung sind gleichgerichtete Vektoren. Als Maß der Kraft dient die Beschleunigung.

Unter der Wirkung einer konstanten Kraft erfährt ein Körper mit unveränderlicher Masse eine konstante Beschleunigung. Beim Flug von Raketen (Ausstoß der Treibgase) und schnellbewegten Elementarteilchen (relativistischer Massenzuwachs) gilt dies nicht, weil in beiden Fällen die Masse nicht konstant bleibt.

Einheit der Kraft:
$[F] = 1 \text{ kg m/s}^2 = 1 \text{ Newton (N)}.$

3.4 Reaktionsprinzip. Kräfte haben ihren Ursprung immer in Wechselwirkungen zwischen verschiedenen Körpern. Wirkt ein Körper 1 mit der Kraft F_{12} auf einen Körper 2, so wird dieser deformiert oder beschleunigt. Der Körper 2 übt dann seinerseits die Kraft F_{21} auf den Körper 1 aus. Für diese Kräfte gilt das Reaktions- oder Gegenwirkungsprinzip.

Die von zwei Körpern aufeinander ausgeübten Kräfte haben gleiche Beträge und sind entgegengesetzt gerichtet:

$$F_{12} = -F_{21} \, .$$

Die Angriffspunkte der Kräfte befinden sich in verschiedenen Körpern.

3.5 Mechanische Kräfte. In 3.1 wurde bereits die Federkraft eingeführt. Weitere wichtige Kräfte mechanischen Ursprungs sind Gegenstand dieses Abschnittes. Es werden sowohl die Beträge der Kräfte als auch die Kraftgesetze in vektorieller Schreibweise angegeben.

Gewichtskraft. Die Kraft, mit der ein Körper von der Erde in Nähe der Oberfläche ange-

---

[1] Axiome sind Grundsätze, deren Gültigkeit ohne Beweis vorausgesetzt wird.

zogen wird, heißt Gewichtskraft F_G. Sie ist zum Erdmittelpunkt gerichtet, wirkt bei einem ruhenden Körper auf die Unterlage und erteilt einem frei fallenden Körper die Fallbeschleunigung g. Ist die z-Achse nach oben gerichtet, läßt sich die Gewichtskraft in folgender Form schreiben:

$$F_G = -mg\,e_z, \quad F_G = mg \ .$$

Gravitationskraft. Materielle Körper ziehen sich gegenseitig an. Die allgemeine Massenanziehung wird *Gravitation* genannt. Das Newtonsche Gravitationsgesetz besagt, daß die Gravitationskraft zwischen zwei Massenpunkten dem Produkt der Massen direkt und dem Quadrat ihres Abstandes umgekehrt proportional ist (Abb. 13):

$$F = -G\frac{m_1 m_2}{r^2} e_r = -G\frac{m_1 m_2}{r^2}\frac{r}{r} ,$$
$$F = G\frac{m_1 m_2}{r^2} \ .$$

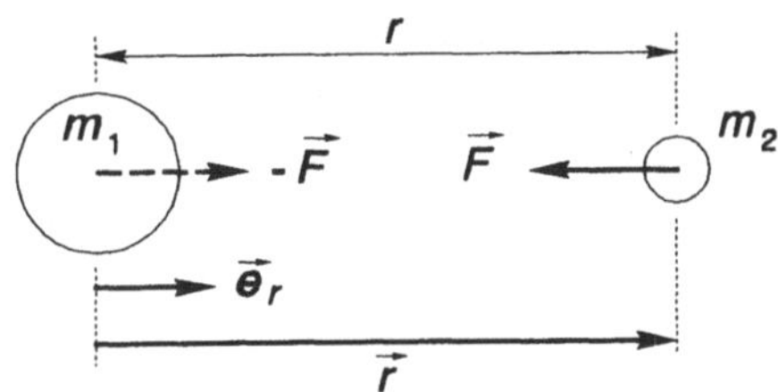

Abb. 13: Zum Gravitationsgesetz

Die universelle Naturkonstante G heißt *Gravitationskonstante.* Sie hat den Wert $G = 6{,}67259 \cdot 10^{-11}$ m³ kg⁻¹ s⁻².

Äußere Reibungskräfte. Wenn sich zwei feste Körper berühren und gegeneinander bewegen, tritt eine Reibungskraft F_R auf.

Sie wirkt der bewegenden Kraft F entgegen und hängt vom Material und der Beschaffenheit der Berührungsflächen ab, nicht aber von deren Größe. In erster Näherung ist die Reibungskraft F_R der senkrecht auf den sich berührenden Flächen stehenden *Normalkraft* F_N proportional (Abb. 14).

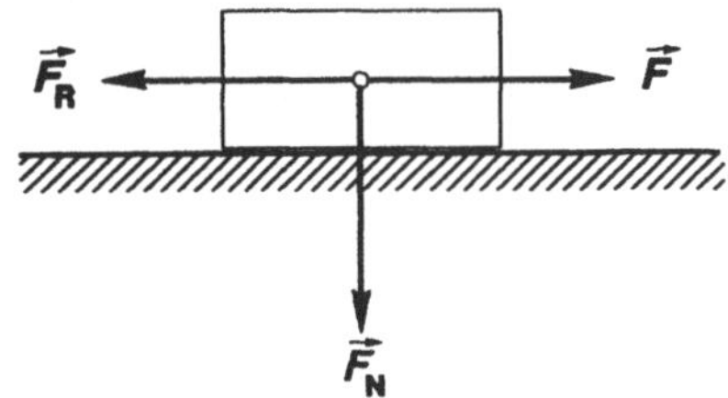

Abb. 14: Zur äußeren Reibung

Es gilt das Coulombsche Reibungsgesetz

$$F_R = \mu\, F_N \ .$$

Der Proportionalitätsfaktor μ ist die *Reibungszahl.* Sie hat als Verhältnisgröße die Dimension Eins.

Man muß zwischen Haftreibung (Reibung der Ruhe) und Gleitreibung (Reibung der Bewegung) unterscheiden.

Zwischen relativ zueinander ruhenden Körpern tritt die *Haftreibungskraft* $F_{RH} = -F$ auf. Sie wächst mit der bewegenden Kraft bis zu einem maximalen Wert, bei dem die Bewegung einsetzt. Die *Haftreibungszahlen* μ_H liegen zwischen 0,15 und 0,80. Sie werden mit Hilfe einer schiefen Ebene bestimmt (Abb. 15). Der Neigungswinkel der Ebene wird solange vergrößert, bis der Körper beim sogenannten *Reibungswinkel* φ gerade zu gleiten beginnt. Für diesen Grenzfall gilt $F_{RH} = \mu_H F_N = F_G \sin\varphi$ und $F_N = F_G \cos\varphi$, so daß folgt

$$\mu_H \;=\; \tan\varphi \;.$$

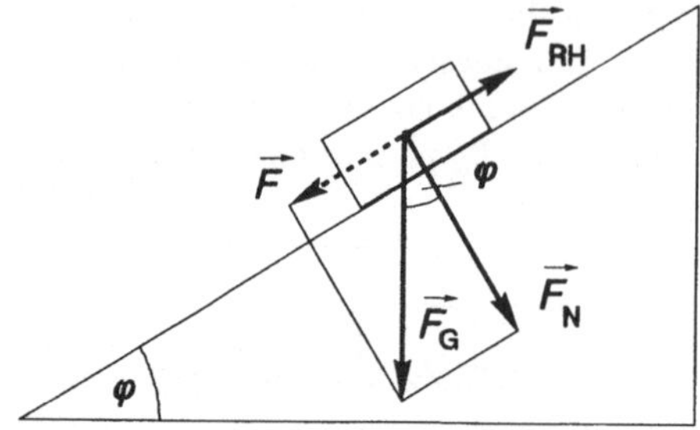

Abb. 15: Zur Bestimmung der Haftreibungszahl

Wenn bereits eine Gleitbewegung besteht, wirkt die *Gleitreibungskraft* F_{RG}. Sie ist kleiner als die Haftreibungskraft. Für gleiche Stoffpaare gilt $\mu < \mu_H$. Die Werte für die Gleitreibungszahl liegen zwischen 0,1 und 0,6.

Noch wesentlich kleiner werden die Reibungskräfte, wenn runde Körper auf einer Unterlage abrollen. Die *Rollreibungskraft* F_{RR} hängt vom Radius r des Rades ab. Es gilt

$$F_{RR} \;=\; \frac{f}{r}\,F_N \;.$$

Die Größe f heißt *Rollreibungslänge*.

Reibungskräfte sind oft unerwünscht (Energieverluste), ermöglichen aber andererseits überhaupt die Fortbewegung.

Radialkraft. Bei jeder Kreisbewegung tritt eine Radialbeschleunigung auf (s. 2.9). Ihr entspricht nach dem Aktionsprinzip die *Radialkraft* (Zentripetalkraft). Sie ist immer zum Kreismittelpunkt gerichtet und bewirkt, daß der Massenpunkt auf der Kreisbahn bleibt (Abb. 16). Es gelten die Beziehungen

$$\begin{aligned}
\vec{F}_r &= -m\omega^2 r = -\frac{m\,v^2}{r}\,\frac{r}{r}, \\[2mm]
\vec{F}_r &= m\omega^2 r = \frac{m\,v^2}{r}\;.
\end{aligned}$$

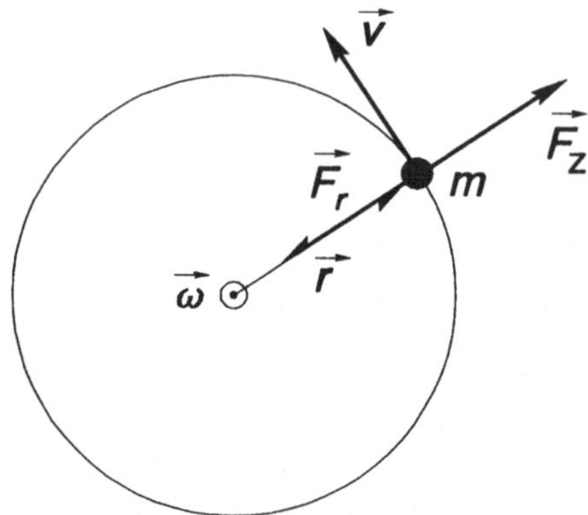

Abb. 16: Radial- und Zentrifugalkraft

Trägheitskräfte. Bringt man das Newtonsche Aktionsprinzip in die Form

$$\vec{F} - m\vec{a} \;=\; 0\;,$$

so kann der Ausdruck $-m\,\vec{a}$ formal als Kraft angesehen werden, die bei der beschleunigten Bewegung der angreifenden Kraft das Gleichgewicht hält. Sie wird *Trägheitskraft* genannt. Bei der Kreisbewegung ist z.B.

$$\vec{F}_r + m\omega^2 r \;=\; 0\;.$$

Die Trägheitskraft

$$\begin{aligned}
\vec{F}_Z &= m\omega^2 r, \\[2mm]
\vec{F}_Z &= m\omega^2 r = \frac{m\,v^2}{r}
\end{aligned}$$

heißt *Zentrifugalkraft*. Sie greift wie die Radialkraft am bewegten Massenpunkt an, ist aber radial nach außen gerichtet (Abb. 16). Solange sich der Massenpunkt auf der Kreisbahn bewegt, ist die Summe aus angreifender Kraft (Radialkraft) und Trägheitskraft (Zentrifugalkraft) gleich Null.

4 Arbeit, Energie, Leistung

4.1 Mechanische Arbeit. Verschiebt man einen Körper (Massenpunkt) unter der Einwirkung einer Kraft F um eine Wegstrecke s, so wird die Arbeit W verrichtet.

Im einfachsten Fall bleibt die Kraft während der gesamten Verschiebung konstant. Sind die beiden Vektoren Kraft und Weg außerdem gleichgerichtet, so gilt

$$W = Fs \; .$$

Einheit der Arbeit:
$[W] = 1 \text{ N m} = 1 \text{ Joule (J)} = 1 \text{ kg m}^2/\text{s}^2$.

Die Richtungen der Kraft und des Weges können jedoch auch einen Winkel α miteinander einschließen (Abb. 17). Dann ist nur die in Wegrichtung liegende Komponente der Kraft $F \cos \alpha$ wirksam, und die verrichtete Arbeit ergibt sich zu

$$W = Fs \cos \alpha \; .$$

Die Arbeit ist eine skalare Größe. Das Produkt $Fs \cos \alpha$ wird als *Skalarprodukt* (inneres Produkt) der beiden Vektoren F und s bezeichnet. Die obige Beziehung kann dann einfach in der Form

$$W = Fs$$

geschrieben werden.

Im allgemeinen Fall ändert sich die Kraft längs eines beliebig gekrümmten Weges (Abb. 17). Man unterteilt dann den Weg in differentiell kleine Wegelemente ds, auf denen die wirkende Kraft als konstant angesehen werden kann. Die bei der Verschiebung verrichtete Arbeit ist somit

$$dW = F \, ds = F \cos \alpha \, ds \; .$$

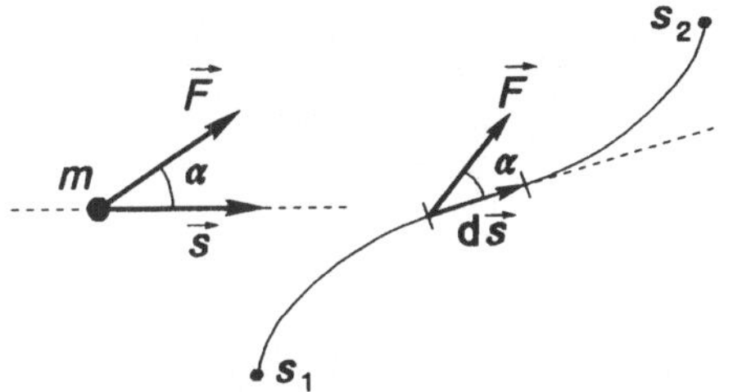

Abb. 17: Zur Definition der Arbeit

Wird der Massenpunkt unter der Wirkung der Kraft F von s_1 nach s_2 verschoben, dann ist die verrichtete Gesamtarbeit durch das *bestimmte Integral*

$$W = \int_{s_1}^{s_2} F \, ds = \int_{s_1}^{s_2} F \cos \alpha \, ds$$

gegeben.

Allgemeine Definition: *Die mechanische Arbeit ist das Wegintegral der Kraft.*

Graphisch kann die Arbeit durch eine Fläche (*Arbeitsdiagramm*) dargestellt werden (Abb. 18).

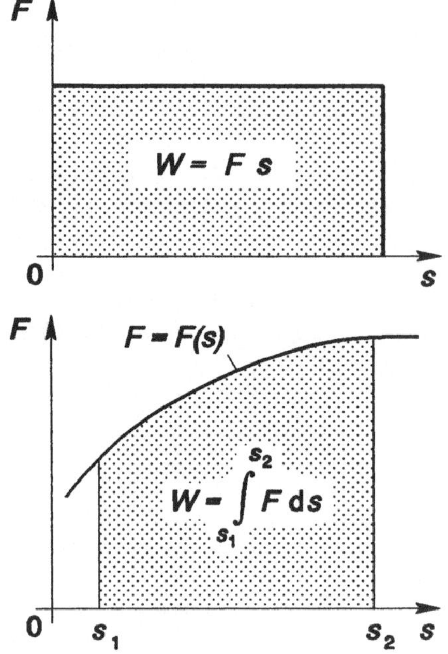

Abb. 18: Arbeitsdiagramm bei konstanter und veränderlicher Kraft, wenn Kraft- und Wegrichtung zusammenfallen

4.2 Mechanische Arbeit und Energie.

Die folgenden Beispiele zeigen, daß die physikalischen Größen *Arbeit* und *Energie* eng miteinander verknüpft sind.

Hubarbeit. Wenn man einen Körper der Masse m senkrecht anhebt und in die Höhe h bringt, wird Arbeit gegen die konstante Gewichtskraft F_G verrichtet (Abb. 19):

$$W = F_G h = mgh = E_{\text{pot}}.$$

Kehrt der Körper in die ursprüngliche Lage zurück, läßt sich die Arbeit zurückgewinnen. Die Arbeitsfähigkeit des angehobenen Körpers heißt *potentielle Energie E_{pot}*.

Erfolgt die reibungsfreie Verschiebung des Körpers bis in die Höhe h längs eines schrägen Weges $s = h/\sin\alpha$ verrichtet man Arbeit gegen die Hangabtriebskraft $F_H = F_G \sin\alpha$ (Abb. 19). Auch in diesem Falle gilt:

$$W = Fs = mgh = E_{\text{pot}}.$$

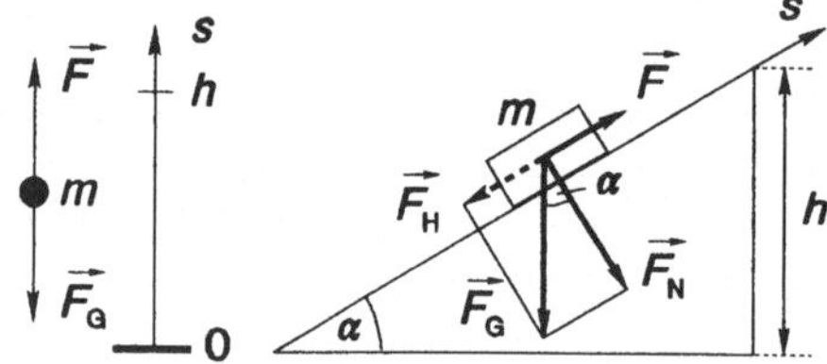

Abb. 19: Zur Hubarbeit

Die Arbeit gegen die Gewichts- bzw. Hangabtriebskraft hängt nur von der zu überwindenden Höhe ab, sie ist unabhängig vom Weg, auf dem sich der Körper bewegt.

Reibungsarbeit. Um einen Körper mit konstanter Geschwindigkeit gegen eine Reibungskraft $F_R = \mu F_N$ (s. 3.5) zu bewegen, muß eine Kraft in Richtung von s angreifen, deren Betrag mit dem der Reibungskraft übereinstimmt. Für die Reibungsarbeit ergibt sich

$$W = F_R s = \mu F_N s = Q.$$

Die Reibungsarbeit geht als mechanische Arbeit verloren, sie wird in *Wärme Q* umgewandelt.

Elastische Verformungsarbeit. Eine Feder wird um die Strecke x gedehnt (Abb. 12). Auf den Körper wirkt die elastische Federkraft (s. 3.1). Bei der Dehnung muß die Kraft $F = k\,x$ angreifen. Sie ist nicht konstant. Somit folgt für die verrichtete Arbeit

$$W = \int_0^x k\,x\,\mathrm{d}x = \frac{1}{2}k\,x^2 = E_{\text{pot}} \; .$$

Die Verformungsarbeit wird als *potentielle Energie* gespeichert.

Beschleunigungsarbeit. Wenn ein Körper (Massenpunkt) eine beschleunigte Bewegung ausführt, wird Arbeit gegen die Trägheitskraft $F_t = -m\,a = -m\,\mathrm{d}v/\mathrm{d}t$ verrichtet (s. 3.5). Für einen aus der Ruhelage beschleunigten Körper gilt

$$W = \int_0^s F\,\mathrm{d}s = \int_0^v mv\,\mathrm{d}v$$
$$= \frac{1}{2}mv^2 = E_{\text{kin}} \; .$$

Die Beschleunigungsarbeit ist als *kinetische Energie*

$$E_{\text{kin}} = \frac{1}{2}mv^2$$

im bewegten Körper enthalten.

Arbeit und Energie. Arbeit und Energie werden in der gleichen SI-Einheit Joule (J) gemessen (s. 4.1). *Arbeit* ist Energieumsatz und *Energie* die Fähigkeit eines Körpers, Arbeit zu verrichten.

4.3 Energieerhaltungssatz. Kräfte mit der Eigenschaft, daß die gegen sie verrichtete Arbeit nur vom Anfangs- und Endpunkt der

Bewegung, nicht aber vom Weg abhängig ist, heißen *konservative Kräfte.* Wenn sich ein Körper unter dem Einfluß einer derartigen Kraft bewegt, nimmt seine potentielle Energie ab. Es ist

$$-\mathrm{d}E_{\text{pot}} = F\,\mathrm{d}s = m\,a\,\mathrm{d}s = m\frac{\mathrm{d}v}{\mathrm{d}t}\mathrm{d}s$$
$$= \mathrm{d}\left(\frac{1}{2}mv^2\right) = \mathrm{d}E_{\text{kin}} \; .$$

Der Abnahme an potentieller Energie entspricht eine Zunahme an kinetischer Energie. Somit gilt

$$\mathrm{d}E_{\text{pot}} + \mathrm{d}E_{\text{kin}} = 0$$

oder

$$\mathrm{d}(E_{\text{pot}} + E_{\text{kin}}) = 0 .$$

Daraus folgt:

$$E_{\text{pot}} + E_{\text{kin}} = E = \text{const} \; ,$$

wobei E die mechanische *Gesamtenergie* bedeutet. Demnach ist die Gesamtenergie $E(1)$ zum Zeitpunkt t_1 gleich der Gesamtenergie $E(2)$ zum Zeitpunkt t_2:

$$E_{\text{pot}}(1) + E_{\text{kin}}(1) = E_{\text{pot}}(2) + E_{\text{kin}}(2) .$$

In Worten kann der Energieerhaltungssatz der Mechanik folgendermaßen ausgedrückt werden:

Bewegt sich ein Massenpunkt unter dem Einfluß einer konservativen Kraft, so bleibt seine Gesamtenergie (Summe aus potentieller und kinetischer Energie) konstant.

4.4 Leistung, Wirkungsgrad. In der Technik interessiert oft nicht die Arbeit allein, sondern zusätzlich die Arbeit je Zeit, die sogenannte *Leistung*

$$P = \frac{\mathrm{d}W}{\mathrm{d}t} = Fv \, .$$

Einheit der Leistung:
$[P] = 1$ J/s $= 1$ Watt (W).

Unter dem *Wirkungsgrad* einer Anlage versteht man den Quotienten aus abgegebener effektiver Leistung P_{eff} und zugeführter Nennleistung P_{N} :

$$\eta = \frac{P_{\mathrm{eff}}}{P_{\mathrm{N}}} \, .$$

Wegen der Reibungsverluste ist bei mechanischen Anlagen $\eta < 1$.

5 Impuls

5.1 Impuls und Kraftstoß. Das Produkt von Masse und Geschwindigkeit

$$p = mv$$

heißt *Impuls* des Massenpunktes.

Einheit des Impulses:
$[p] = 1$ kg m/s $= 1$ N s.

Mit Hilfe dieser Größe läßt sich das Newtonsche Grundgesetz der Mechanik (s. 3.2) in veränderter Form schreiben, vorausgesetzt, die Masse ist konstant:

$$F = ma = \frac{\mathrm{d}(mv)}{\mathrm{d}t} = \frac{\mathrm{d}p}{\mathrm{d}t} \, .$$

Die Kraft ist gleich der zeitlichen Änderung des Impulses.

Wenn der Massenpunkt zum Zeitpunkt t_1 (Beginn der Krafteinwirkung) die Geschwindigkeit v_1 besitzt und zum Zeitpunkt t_2 (Ende der Krafteinwirkung) die Geschwindigkeit v_2, so folgt

$$\int_{t_1}^{t_2} F \, \mathrm{d}t = \int_{v_1}^{v_2} \mathrm{d}(mv) = mv_2 - mv_1 = \Delta p \, .$$

Das Zeitintegral der Kraft heißt *Kraftstoß*.

Der Kraftstoß ist gleich der Änderung des Impulses des Massenpunktes.

Kraftstoß und Impuls sind Vektoren. Der Vektor des Kraftstoßes ist in Richtung der Kraft gerichtet, der Vektor des Impulses in Richtung der Geschwindigkeit.

5.2 Impulserhaltungssatz. Mehrere Massenpunkte bilden ein *System* von Massenpunkten. Es besteht im einfachsten Fall aus zwei Massen m_1 und m_2 (Abb. 20). Die zwischen ihnen wirkenden Kräfte heißen *innere Kräfte*. Außerdem können an den Massen *äußere Kräfte* angreifen. Ein System, in dem nur innere Kräfte wirken, wird als *abgeschlossenes System* bezeichnet. Für das in Abb. 20 dargestellte Beispiel gilt das Reaktionsprinzip (s. 3.4)

$$F_{12} = -F_{21}$$

oder

$$\frac{\mathrm{d}(m_2 v_2)}{\mathrm{d}t} = -\frac{\mathrm{d}(m_1 v_1)}{\mathrm{d}t} \, .$$

Somit ergibt sich

$$\frac{d}{dt}(m_1 v_1 + m_2 v_2) = 0$$

und

$$m_1 v_1 + m_2 v_2 = \text{const} .$$

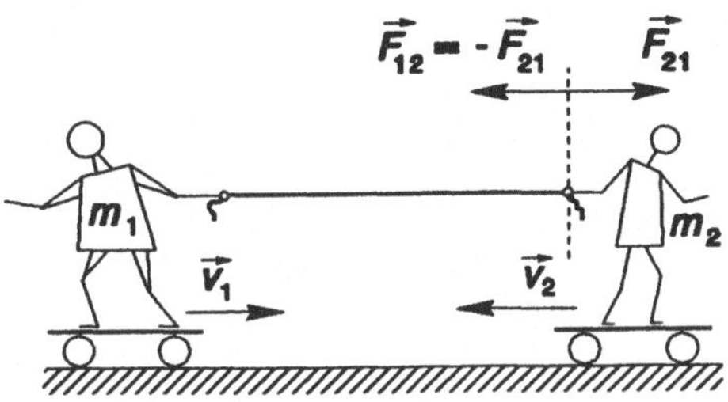

Abb. 20: System von zwei Massen mit inneren Kräften

Der Gesamtimpuls der beiden Massen ist konstant. Überträgt man dieses Ergebnis auf ein System von n Massenpunkten, so gilt der *Impulserhaltungssatz* in der Form

$$\sum_{i=1}^{n} m_i v_i = \sum_{i=1}^{n} p_i = p_{ges} .$$

Wirken in einem abgeschlossenen System nur innere Kräfte, so bleibt der Gesamt-impuls des Systems konstant.

5.3 Raketengleichung. Die Fluggeschwindigkeit einer Rakete läßt sich mit Hilfe des *Impulserhaltungssatzes* berechnen. Durch den Ausstoß der heißen Treibgase erhält der Raketenkörper einen Impuls in die entgegengesetzte Richtung (Rückstoßprinzip). Physikalisch interessant ist hierbei, daß die *Masse des bewegten Körpers nicht konstant* bleibt. Sie ändert sich vielmehr mit der Zeit durch den Verbrauch des Treibstoffes wesentlich.

Zu einem bestimmten Zeitpunkt besitzt ein Massenelement dm_T der ausgestoßenen Treibgase den Impuls $dp_T = dm_T\, v_T$, wenn v_T die Ausströmungsgeschwindigkeit ist (Abb. 21). Hat die Rakete zur gleichen Zeit die Masse m_R, so erfährt sie selbst die Impulsänderung $dp_R = m_R\, dv$. Der Impulserhaltungssatz besagt

$$dm_T v_T = -m_R dv .$$

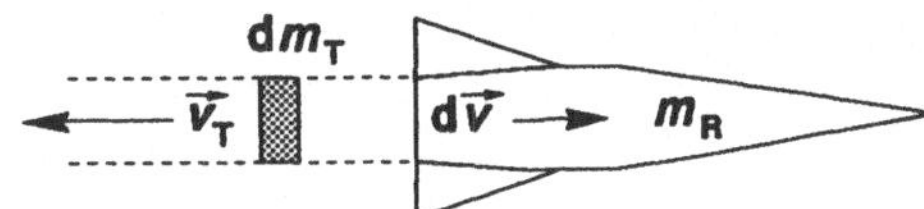

Abb. 21: Zur Raketengleichung

Damit ergibt sich $dv = - v_T\, dm_T/m_R$. Die Abnahme der Raketenmasse entspricht natürlich dem Massenzuwachs der ausgestoßenen Treibgase, d.h., man kann schreiben $-dm_R = dm_T$. Dieser Ausdruck ist zu integrieren:

$$\int_{v_o}^{v} dv = \int_{m_o}^{m} v_T\, \frac{dm_R}{m_R} .$$

Es folgt für die Fluggeschwindigkeit der Rakete

$$v = -v_T \ln\frac{m_o}{m} + v_o .$$

In dieser Beziehung bedeuten v_o die Anfangsgeschwindigkeit, m_o die Startmasse, v_T die Treibgasgeschwindigkeit und v die Fluggeschwindigkeit der Rakete, wenn ihre Masse m beträgt.

Ist die Anfangsgeschwindigkeit beim Start $v_o = 0$, so erreicht die Rakete die Geschwindigkeit der Treibgase, wenn die Raketenmasse auf den Wert $m = m_o/e$ abgesunken ist (e = 2,718 ...).

6 Bewegung starrer Körper

6.1 Starrer Körper. Bisher wurde die Bewegung von Massenpunkten behandelt. In vielen Fällen ist es jedoch nicht gerechtfertigt, die räumliche Ausdehnung der Körper zu vernachlässigen. Ein ausgedehnter Körper kann als System aus einer endlichen Anzahl von Massenpunkten aufgefaßt werden. Wenn sich die gegenseitige Lage dieser Massenpunkte bei der Einwirkung äußerer Kräfte nicht ändert, spricht man vom *starren Körper.*

Auch dieses Denkmodell stellt eine Abstraktion dar. In der Praxis beschreibt es aber in vielen Fällen das Verhalten fester Körper mit hinreichender Genauigkeit.

Kräfte, die am starren Körper angreifen, bewirken eine beschleunigte Bewegung, führen aber nicht zu einer Deformation.

Jede Bewegung des starren Körpers läßt sich in zwei Teilbewegungen zerlegen. Bei der *Translation* (fortschreitende Bewegung) beschreiben alle Punkte des Körpers kongruente (deckungsgleiche) Bahnen (geradlinig oder gekrümmt). Bei der *Rotation* (Drehbewegung) bewegen sich alle Punkte auf konzentrischen Kreisen um eine Gerade (Drehachse).

6.2 Drehmoment. Ein starrer Körper ist um eine durch den Punkt 0 gehende feste Achse drehbar gelagert. Er wird durch eine Kraft *F*, die im Punkt P angreift und deren Wirkungslinie nicht durch die Drehachse geht, in Drehung versetzt (Abb. 22).

Der Abstand der Drehachse vom Angriffspunkt der Kraft sei *r*. Als Maß für die

Wirkung der Kraft wird das Drehmoment *M* eingeführt. Es ist definiert als das *Vektorprodukt* (äußeres Produkt, Kreuzprodukt) aus dem Radiusvektor *r* und der angreifenden Kraft *F*:

$$\boxed{\begin{aligned} M &= r \times F, \\ M &= rF\sin\alpha \,. \end{aligned}}$$

Einheit des Drehmomentes: $[M] = 1$ N m. Drehmoment und Arbeit, Energie werden in der gleichen Maßeinheit angegeben, obwohl es sich um ganz verschiedene Größenarten handelt!

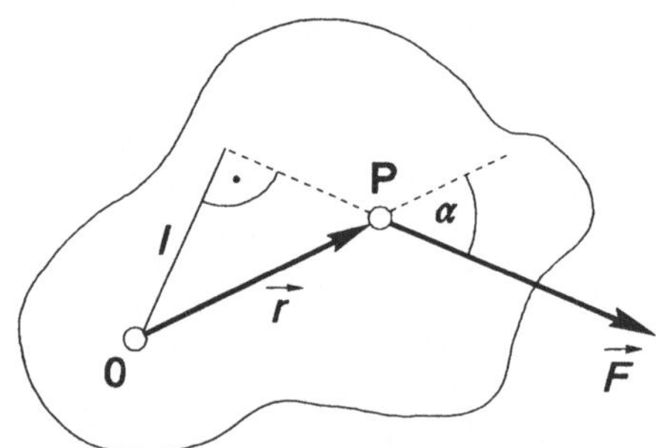

Abb. 22: Zur Definition des Drehmomentes

Mit $l = r \sin\alpha$ kann auch geschrieben werden

$$\boxed{M = lF \,.}$$

Der Betrag des Drehmomentes ist gleich dem Produkt aus der Kraft F und dem senkrechten Abstand l des Drehpunktes von der Wirkungslinie der Kraft.

Das Drehmoment ist ein Vektor, der parallel zur Drehachse gerichtet ist. Er steht senkrecht auf den Vektoren *r* und *F*. Der Betrag $M = F\, r \sin\alpha$ ist gleich dem Flächeninhalt des aus den Vektoren *r* und *F* gebildeten Parallelogramms. Die Richtung von **M** ergibt sich nach der *Rechtsschraubenregel* (Abb. 23).

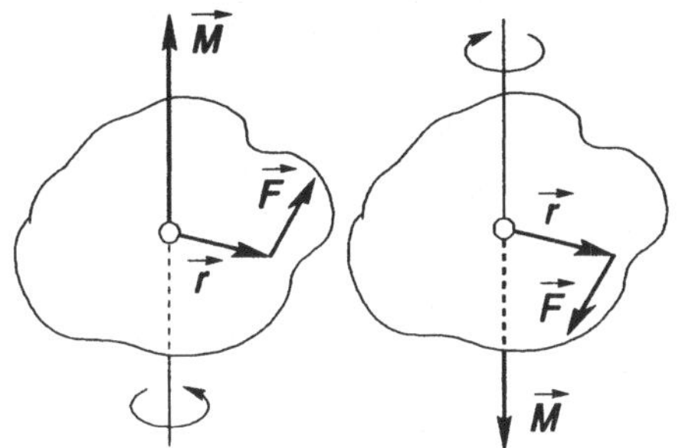

Abb. 23: Zur Richtung des Drehmomentvektors

*Der Vektor **M** hat diejenige Richtung, in der eine rechtsgängige Schraube (Korkenzieher) fortschreitet, wenn man sie in dem Sinne dreht, daß der Vektor **r** auf dem kürzesten Wege in die Richtung des Vektors **F** übergeführt wird.*

Gleichbedeutend damit ist die folgende Aussage:
*Die Vektoren **r**, **F** und **M** bilden in dieser Reihenfolge ein Rechtssystem.*

6.3 Rotationsenergie, Trägheitsmoment.

Rotationsenergie. Ein starrer Körper rotiert mit der Winkelgeschwindigkeit ω um eine Achse. Die Bahngeschwindigkeit v eines im senkrechten Abstand r von der Drehachse befindlichen Massenelementes dm ist $v = \omega\, r$. Es besitzt die kinetische Energie

$$dE_{kin} = \frac{1}{2} v^2 dm = \frac{1}{2}\omega^2 r^2 dm.$$

Alle Massenelemente des Körpers rotieren mit der gleichen Winkelgeschwindigkeit. Die gesamte kinetische Energie des rotierenden Körpers heißt *Rotationsenergie*. Man erhält sie durch Integration über alle Massenelemente:

$$E_{rot} = \frac{1}{2}\omega^2 \int_0^m r^2 dm = \frac{1}{2} J \omega^2 .$$

Trägheitsmoment. Der Integralausdruck

$$\boxed{J = \int_0^m r^2 dm}$$

wird Trägheitsmoment des Körpers bezüglich der gewählten Drehachse genannt.

Einheit des Trägheitsmomentes:
$[J] = 1 \text{ kg m}^2$.

Das Trägheitsmoment ist nicht allein von der Gesamtmasse des Körpers, sondern auch von seinen Abmessungen, der Verteilung der Massenelemente und der Lage der Drehachse abhängig.

Ein im senkrechten Abstand r von der Drehachse befindlicher Massenpunkt m besitzt das Trägheitsmoment $J = m\, r^2$.

Die Trägheitsmomente einiger häufig auftretender Körper sind in Tabelle 6 zusammengestellt.

Satz von Steiner. Die in Tabelle 6 angegebenen Trägheitsmomente J_S beziehen sich auf Achsen, die durch den Schwerpunkt gehen. Rotiert ein Körper um eine zur Schwerpunktachse S parallele Achse A (s Abstand beider Achsen), dann setzt sich seine kinetische Energie aus der Translationsenergie der Schwerpunktbewegung und der kinetischen Energie der Rotation um eine Schwerpunktachse zusammen:

$$E_{kin} = \frac{1}{2} m v^2 + \frac{1}{2} J_S \omega^2 .$$

Mit $v = s\,\omega$ folgt

$$E_{kin} = \frac{1}{2}(m s^2 + J_S)\omega^2 .$$

Tabelle 6: Trägheitsmomente J homogener Körper der Masse m

Körper	Lage der Drehachse	J_S
Vollzylinder (Kreisscheibe) Radius r	Zylinderachse	$\dfrac{1}{2}mr^2$
Hohlzylinder, dünnwandig Radius r	Zylinderachse	mr^2
Vollkugel Radius r	durch den Mittelpunkt	$\dfrac{2}{5}mr^2$
Hohlkugel, dünnwandig Radius r	durch den Mittelpunkt	$\dfrac{2}{3}mr^2$
Stab, dünn Länge l	senkrecht zur Stabachse durch den Mittelpunkt	$\dfrac{1}{12}ml^2$

Das Trägheitsmoment J_A bezüglich der Achse A, die nicht durch den Schwerpunkt geht, ist demnach

$$J_A = J_S + ms^2 \, .$$

6.4 Bewegungsgleichung des starren Körpers.

An einem starren Körper greift im Punkt P im Abstand r von der festen Drehachse O die Kraft F an (Abb. 24).

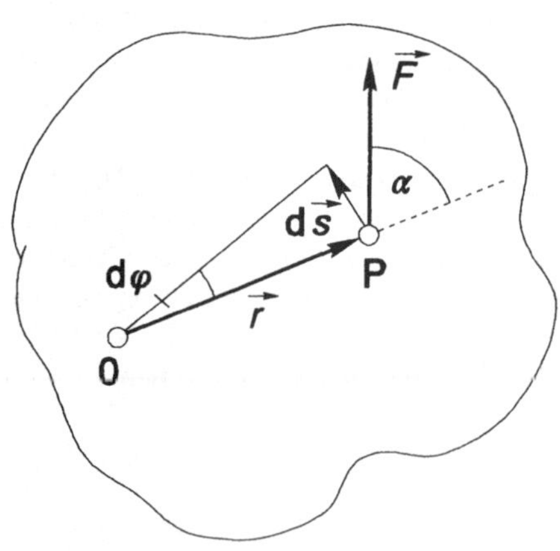

Abb. 24: Zur Berechnung der Arbeit bei der Drehung

Ihr Drehmoment bewirkt eine Drehung um den Winkel $d\varphi$. Der von P zurückgelegte Weg ist $ds = r\,d\varphi$. Die verrichtete Arbeit beträgt

$$dW = F\,ds = F\,ds\cos\,(90°-\alpha)$$

oder

$$dW = F\,r\sin\alpha\,d\varphi = M\,d\varphi \, .$$

Ihr entspricht ein Zuwachs an kinetischer Energie

$$M\,d\varphi = d\left(\frac{1}{2}J\omega^2\right) = \frac{d}{dt}\left(\frac{1}{2}J\omega^2\right)dt$$

oder

$$M\,d\varphi = J\,\omega\,\dot{\omega}\,dt \, .$$

Dividiert man beide Seiten dieser Gleichung durch das Zeitelement dt, in dem die Drehung erfolgt, so ergibt sich

$$M\,\frac{d\varphi}{dt} = M\,\omega = J\,\omega\,\dot{\omega} \, .$$

Mit der Winkelbeschleunigung $\alpha = \dot{\omega}$ (s. 2.9) erhält man die Bewegungsgleichung für die Rotation eines starren Körpers um eine feste Achse.

Das Drehmoment ist gleich dem Produkt aus Trägheitsmoment bezüglich der Drehachse mal Winkelbeschleunigung:

$$\boxed{M = J\alpha}$$

Diese Beziehung ist das Analogon zum Newtonschen Grundgesetz $F = m\,a$ des Massenpunktes.

6.5 Drehimpuls, Drehimpulserhaltungssatz.

Drehimpuls. Wenn das Trägheitsmoment J konstant ist, kann man die Bewegungsgleichung für die Rotation eines starren Körpers in folgender Form schreiben

Das Produkt

$$\boxed{L = J\omega}$$

heißt *Drehimpuls*.

Einheit des Drehimpulses: $[L] = 1$ N m s.

L ist ein axialer Vektor, dessen Richtung bei Drehung um eine feste Achse mit der Richtung der Drehachse übereinstimmt.

Drehimpulserhaltungssatz. Ist $M = \dfrac{\mathrm{d}L}{\mathrm{d}t} = 0$, so ändert sich der Drehimpuls nicht, und es gilt der *Drehimpulserhaltungssatz*:

$$\boxed{L = \text{const für } M = 0}$$

Wirken auf einen Körper keine äußeren Drehmomente, so bleibt der Drehimpuls während der Bewegung nach Betrag und Richtung erhalten.

6.6 Translation, Rotation.

Zwischen Translation und Rotation bestehen formale Analogien. In Tabelle 7 sind die einander entsprechenden Größen und Gesetze beider Bewegungsarten gegenübergestellt. Durch solche Vergleiche wird der systematische Aufbau der Physik spürbar. Außerdem entlasten sie das Gedächtnis, weil sich die physikalischen Größen und Gleichungen leichter einprägen.

Tabelle 7: Analogie zwischen Translation und Rotation (spezielle Fälle)

Translation		Rotation	
Weg	x, s	Drehwinkel	φ
Geschwindigkeit	$\dot{x}, v$	Winkelgeschwindigkeit	$\dot{\varphi}, \omega$
Beschleunigung	$\ddot{x}, \dot{v}, a$	Winkelbeschleunigung	$\ddot{\varphi}, \dot{\omega}, \alpha$
Masse	m	Trägheitsmoment	J
Kraft	$F = ma$	Drehmoment	$M = J\alpha$
Impuls	$p = mv$	Drehimpuls	$L = J\omega$
Arbeit	$W = Fs$	Arbeit	$W = M\varphi$
Leistung	$P = Fv$	Leistung	$P = M\omega$
kinetische Energie	$E_{\text{kin}}^{\text{trans}} = \dfrac{1}{2}mv^2$	kinetische Energie	$E_{\text{kin}}^{\text{rot}} = \dfrac{1}{2}J\omega^2$

7 Schwingungen und Wellen

7.1 Freie ungedämpfte Schwingungen. Periodisch hin- und hergehende Bewegungen von Massenpunkten werden *Schwingungen* genannt.

Das einfachste Beispiel hierfür ist die Bewegung eines an einer Feder hängenden Körpers um seine Ruhelage (Abb. 25).

Es findet ein periodischer *Energieaustausch* statt. Die potentielle Energie der gedehnten oder gestauchten Schraubenfeder und die kinetische Energie der Masse wandeln sich ständig ineinander um.

Eine *freie Schwingung* entsteht, wenn man die Masse einmal aus der Ruhelage auslenkt, dann losläßt und das System Feder - Masse nicht weiter beeinflußt.

Auf Grund der rücktreibenden Federkraft $F = -k\,x$ (s. 3.1) und der Trägheit der Masse wird die Feder periodisch gedehnt und gestaucht.

Vernachlässigt man die Reibung, so bleibt die Schwingungsweite (Amplitude) konstant und man spricht von einer *ungedämpften Schwingung*. Die rücktreibende Kraft bewirkt eine Beschleunigung a der Masse m in Richtung auf die Ruhelage. Es gilt $m\,a = -k\,x$. Man erhält die *Differentialgleichung der ungedämpften Schwingung*:

$$m\,\frac{\mathrm{d}^2 x}{\mathrm{d}t^2} + kx = 0 \ .$$

Die Bewegung der auf und ab schwingenden Masse entspricht der Projektion eines mit konstanter Winkelgeschwindigkeit ω_0 auf einem Kreis mit dem Radius x_m umlaufenden Körpers.

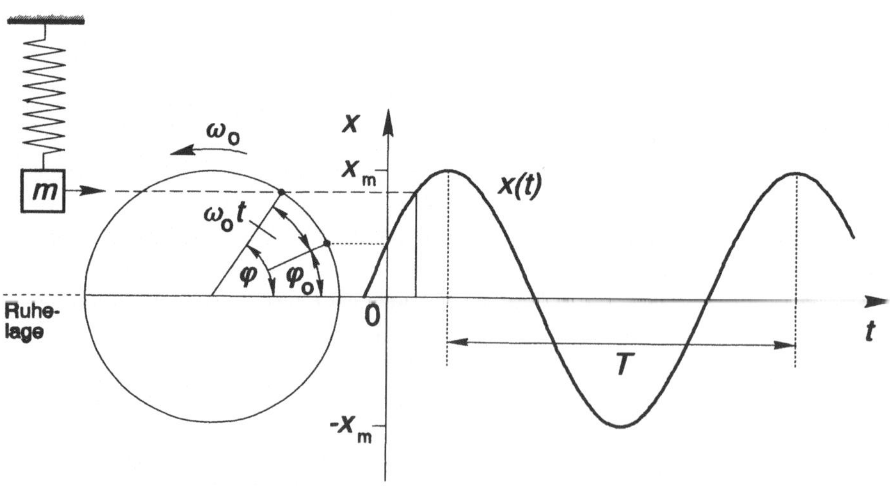

Abb. 25: Harmonische Federschwingung

Für die sich periodisch ändernde Auslenkung (Elongation) kann man schreiben

$$x(t) = x_{\mathrm{m}} \sin \varphi = x_{\mathrm{m}} \sin(\omega_0 t + \varphi_0) \ .$$

Dieser Ausdruck sowie auch die Kosinusfunktion

$$x(t) = x_{\mathrm{m}} \cos \varphi = x_{\mathrm{m}} \cos(\omega_0 t + \varphi_0)$$

stellen Lösungen der Schwingungsdifferentialgleichung dar, wie man durch Einsetzen leicht bestätigt. Schwingungen, bei denen sich die Auslenkung sinus- oder kosinusförmig mit der Zeit ändert, heißen *harmonische Schwingungen*.

Durch Differentiation der Sinusfunktion nach der Zeit erhält man

$$\frac{\mathrm{d}x}{\mathrm{d}t} = \omega_0 x_{\mathrm{m}} \cos(\omega_0 t + \varphi_0),$$

$$\frac{\mathrm{d}^2 x}{\mathrm{d}t^2} = -\omega_0^2 x_{\mathrm{m}} \sin(\omega_0 t + \varphi_0) = -\omega_0^2 x.$$

Die Schwingungsgleichung lautet dann

$$-m\omega_0^2 x + kx = 0 \ .$$

Damit ergeben sich die Beziehungen

$$\omega_0 = \sqrt{\frac{k}{m}}, \ f_0 = \frac{1}{2\pi}\sqrt{\frac{k}{m}}, $$

$$T = 2\pi \sqrt{\frac{m}{k}} \ .$$

Bezeichnung der wichtigsten Schwingungsgrößen:

$x(t)$	Auslenkung oder *Elongation* zur Zeit t,
x_{m}	Maximalwert der Auslenkung oder *Amplitude*,
$\varphi = \omega_0 t + \varphi_0$	*Phase* der Schwingung,
φ_0	*Nullphasenwinkel* oder Anfangsphase zur Zeit $t = 0$,
$\omega_0 = 2\pi f_0 = \dfrac{2\pi}{T}$	*Kreisfrequenz*,
$f_0 = \dfrac{1}{T}$	*Eigenfrequenz*,
$T = \dfrac{1}{f_0}$	Periodendauer oder *Schwingungsdauer*.

7.2 Freie gedämpfte Schwingungen. Die Amplitude einer einmal von außen angeregten Schwingung bleibt in Wirklichkeit nicht konstant, sondern wird im Laufe der Zeit immer kleiner. Ein solcher Bewegungsvorgang heißt *gedämpfte Schwingung*. Ursache der Dämpfung ist die Reibung. Die Schwingungsenergie wird allmählich in Wärmeenergie verwandelt, bis sie aufgebraucht ist.

Der Kräfteansatz für die ungedämpfte Schwingung muß durch die *Reibungskraft* F_{R} erweitert werden. Diese Kraft ist oft der Geschwindigkeit proportional und ihr immer entgegengerichtet:

$$F_{\mathrm{R}} = -rv = -r\frac{\mathrm{d}x}{\mathrm{d}t} \ .$$

Der Proportionalitätsfaktor r wird Dämpfungskonstante genannt. Die Bewegungsgleichung der gedämpften Federschwingung lautet dann

$$ma = -kx - rv \qquad \text{oder}$$
$$m\frac{\mathrm{d}^2 x}{\mathrm{d}t^2} + r\frac{\mathrm{d}x}{\mathrm{d}t} + kx = 0 \ .$$

36 Mechanik

Folgende Abkürzungen sind üblich:

$$\frac{k}{m} = \omega_0^2,$$ ω_0 Kreisfrequenz der ungedämpften Schwingung,

$$\frac{r}{m} = 2\delta,$$ δ Abklingkoeffizient.

Die *Differentialgleichung der gedämpften Schwingung* nimmt dann die Form an:

$$\frac{d^2x}{dt^2} + 2\delta\,\frac{dx}{dt} + \omega_0^2 x = 0.$$

Durch Einsetzen kann man sich davon überzeugen, daß

$$x(t) = x_0\,e^{-\delta t}\sin(\omega t + \varphi_0)$$

eine Lösung dieser Gleichung ist. Dabei bedeutet $\omega = \sqrt{\omega_0^2 - \delta^2}$ die Kreisfrequenz der gedämpften Schwingung.

Vergleicht man diese Lösung mit dem entsprechenden Ausdruck für die ungedämpfte Schwingung, so besteht der wesentliche Unterschied in der *zeitlich exponentiell abklingenden Amplitude*

$$x_n = x_0\,e^{-\delta t},$$

wobei x_0 der Anfangswert ist (Abb. 26). Der natürliche Logarithmus des Quotienten zweier im zeitlichen Abstand der Schwingungsdauer T aufeinanderfolgender Amplituden heißt *logarithmisches Dekrement*

$$\Lambda = \delta T = \ln\frac{x_n}{x_{n+1}}.$$

Diese Größe dient als Maß der Dämpfung.

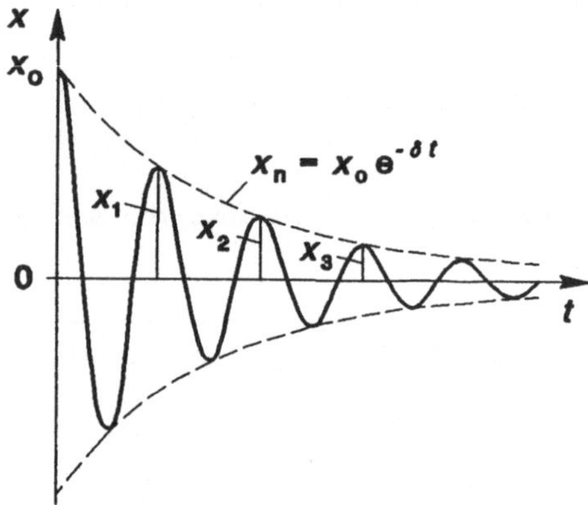

Abb. 26: Gedämpfte Schwingung

Wenn die Dämpfung sehr groß wird, kommt überhaupt keine Schwingung mehr zustande. Die Bewegung wird *aperiodisch*. Der Körper kehrt nach der Anfangsauslenkung x_0 in die Ruhelage zurück, schwingt aber über diese nicht hinaus (Kriechfall).

7.3 Erzwungene Schwingungen. Wirkt auf ein schwingungsfähiges System (*Resonator*) mit der Eigenkreisfrequenz ω_0 von außen her eine periodische Kraft

$$F = F_m \cos \omega t$$

mit der Erregerkreisfrequenz ω, dann vollführt das System *erzwungene Schwingungen*. Nach einer gewissen Einschwingzeit erfolgen diese mit der vom *Erreger* aufgeprägten Kreisfrequenz ω.

Für das Masse-Feder-System gilt

$$m\frac{d^2x}{dt^2} + r\frac{dx}{dt} + kx = F_m \cos \omega t.$$

Unter Berücksichtigung der üblichen Abkürzungen (s. 7.2) ergibt sich die *Differentialgleichung der erzwungenen Schwingung*

$$\frac{d^2x}{dt^2} + 2\delta\,\frac{dx}{dt} + \omega_o^2 x = \frac{F_m}{m}\cos\omega t\,.$$

Eine Lösung dieser Gleichung ist

$$x = \frac{F_m\cos(\omega t - \varphi)}{m\sqrt{\left(\omega_o^2 - \omega^2\right)^2 + 4\delta^2\omega^2}} \quad \text{mit}$$

$\tan\varphi = \dfrac{2\delta\omega}{\omega_o^2 - \omega^2}$, wobei x die Amplitude des schwingenden Systems und φ die Phasenverschiebung zwischen der erzwungenen Schwingung und der Erregerschwingung bedeuten.

Die Amplitude der Schwingung wächst mit der Amplitude der Erregerkraft. Bei gleicher Kraft erreicht die Schwingungsamplitude besonders hohe Werte, wenn die Kreisfrequenz des Erregers und die Eigenfrequenz etwa miteinander übereinstimmen ($\omega \approx \omega_o$). Diese Erscheinung heißt *Resonanz* (Abb. 27).

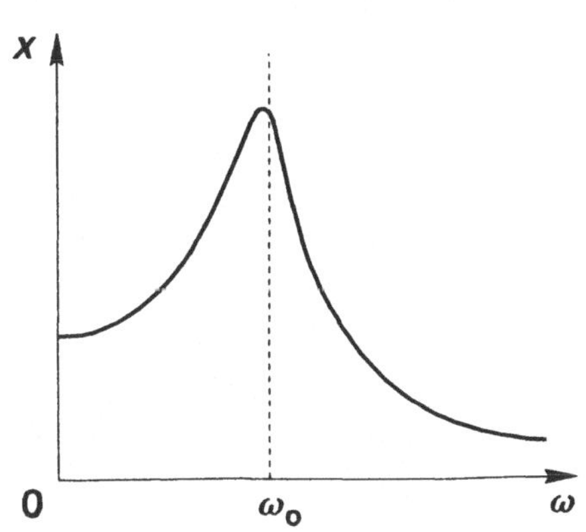

Abb. 27: Resonanzkurve

7.4 Fortschreitende Wellen. Sind schwingungsfähige Systeme räumlich miteinander gekoppelt, dann regt ein schwingendes Teilchen allmählich die mit ihm in Kontakt stehenden Teilchen des Mediums ebenfalls zu Schwingungen an. Die Ausbreitung des Schwingungsvorganges in einem Medium im Laufe der Zeit wird *Welle* genannt. Da die einzelnen Teilchen nur um ihre Ruhelage schwingen, ansonsten aber ortsfest bleiben, wird nur der Schwingungszustand übertragen. Der Wellenvorgang ist mit dem Transport von Energie, nicht aber von Materie verbunden.

Beispiele für mechanische Wellen: Wasserwellen, Seilwellen, Schallwellen, elastische Wellen in Festkörpern und Flüssigkeiten.

Kurz zusammengefaßt kann man sagen: *Mechanische Wellen sind Schwingungsvorgänge in ausgedehnten Medien. Bei der Wellenbewegung wandert die Schwingungsphase, und es strömt Schwingungsenergie.*

Man unterscheidet zwei Arten von Wellen. Wellen, bei denen die Teilchen senkrecht zur Ausbreitungsrichtung schwingen, heißen *Transversalwellen* (Querwellen). Erfolgt die Schwingungsbewegung parallel zur Fortpflanzungsrichtung der Welle, spricht man von *Longitudinalwellen* (Längswellen).

Besonders häufig treten *harmonische Wellen* auf, die durch Sinus- oder Kosinusfunktionen wiedergegeben werden. Sie breiten sich im einfachsten Fall mit der *Phasengeschwindigkeit c* in x-Richtung aus (eindimensionale Wellen). An der Stelle $x = 0$ läßt sich die Schwingung (Auslenkung ξ) mathematisch durch den Ausdruck

$$\xi(t,0) = \xi_m\,\sin\omega t$$

beschreiben. An jedem anderen Ort x findet der Schwingungsvorgang ebenfalls statt, nur um die Zeit $t = x/c$ später, die zur Ausbreitung bis zu dieser Stelle erforderlich ist. Die Gleichung der in x-Richtung fortschreitenden harmonischen Welle lautet daher

$$\xi(t,x) = \xi_{m}\,\sin\omega\left(t \mp \frac{x}{c}\right)$$
oder
$$\xi(t,x) = \xi_{m}\,\sin 2\pi\left(ft \mp \frac{x}{\lambda}\right).$$

In dieser Wellengleichung gilt das Minuszeichen für eine Welle, die in positiver x-Richtung fortschreitet, das Pluszeichen steht für die entgegengesetzte Ausbreitungsrichtung. Das Argument der Sinusfunktion heißt *Phase* der Welle. Im Gegensatz zu einer Schwingung wird die Phase nicht nur durch t, sondern auch durch x bestimmt.

Wird in der Wellengleichung entweder x oder t konstant gehalten, so erhält man die in Abb. 28 wiedergegebene Darstellung harmonischer Wellen.

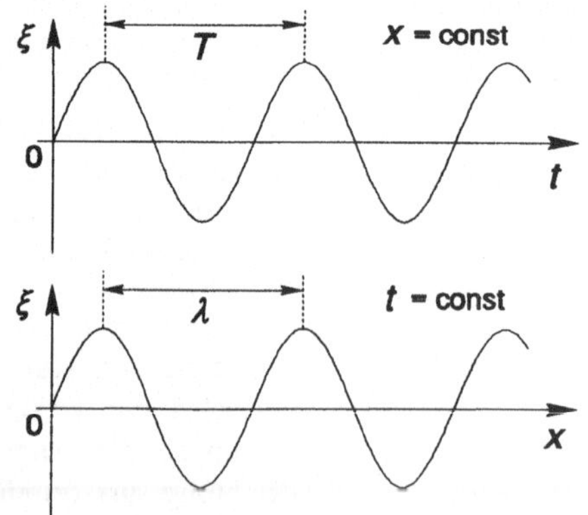

Abb. 28: Darstellung harmonischer Wellen

Die zeitliche Periode der Funktion

$$T = \frac{1}{f}$$

ist die *Schwingungsdauer* des am Ort x schwingenden Teilchens. Die räumliche Periode der Funktion, d.h. der kürzeste Abstand zweier Punkte, die in gleicher Phase schwingen (Abstand zweier Wellenberge oder zweier Wellentäler), heißt *Wellenlänge* λ. Es gilt der Zusammenhang

$$c = \lambda f = \frac{\omega}{k}.$$

Die Größe $k = \dfrac{2\pi}{\lambda}$ wird *Wellenzahl* genannt.

Im allgemeinen breiten sich Wellen räumlich aus. Die Flächen im Medium, deren Punkte in gleicher Phase schwingen, heißen *Wellenflächen*. Eine senkrecht zur Wellenfläche gerichtete Gerade wird *Wellennormale* oder *Strahl* genannt. In Richtung der Wellennormale erfolgt die Ausbreitung der Welle. Die *Wellenlänge* λ ist der Abstand zweier benachbarter Wellenflächen des gleichen Schwingungszustandes (Abstand zweier Wellenberge oder Wellentäler).

Zwei oft auftretende Wellenformen sind in Abb. 29 dargestellt.

Kugelwellen breiten sich von einem punktförmigen Erregungszustand im Raum aus. Die Wellenflächen sind konzentrische Kugelflächen, die Kugelradien sind die Wellenormalen.

Flächenhafte Erregungszentren sind die Quelle *ebener Wellen*. Ihre Wellenflächen sind Ebenen und die Wellennormalen parallele Geraden.

Einen kleinen Ausschnitt aus der Wellenfläche einer Kugelwelle kann man in großer

Entfernung vom Erregungszentrum als ebene Fläche ansehen.

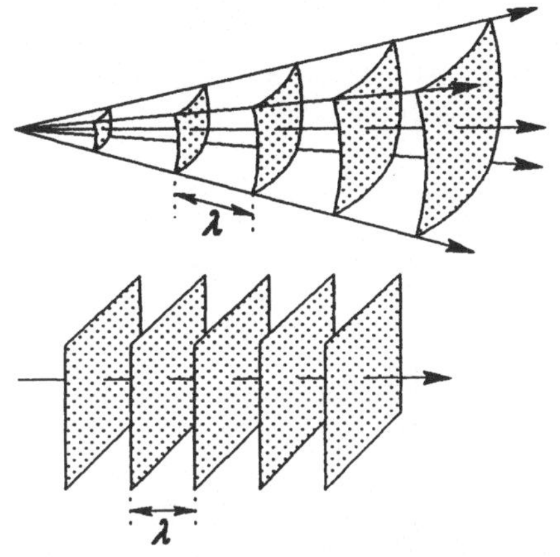

Abb. 29: Wellenflächen einer Kugelwelle und einer ebenen Welle

7.5 Interferenz. Laufen mehrere Wellen in einem Medium, dann können sie sich überlagern. Ihre Auslenkungen addieren sich hierbei (ungestörte Superposition). Die infolge Wellenüberlagerung auftretenden Erscheinungen nennt man *Interferenz*.

Interferenzfähigkeit ist ein Beweis für die Wellennatur eines Vorganges.

Ein einfaches Beispiel ist die Überlagerung zweier harmonischer Wellenzüge gleicher Amplitude, Wellenlänge und Frequenz, die in derselben Richtung laufen und relativ zueinander einen Gangunterschied Δx aufweisen:

$$\xi_1 = \xi_m \sin 2\pi\left(ft - \frac{x}{\lambda}\right) \quad \text{und}$$

$$\xi_2 = \xi_m \sin 2\pi\left(ft - \frac{x + \Delta x}{\lambda}\right).$$

Mit Hilfe des Additionstheorems

$$\sin\alpha + \sin\beta = 2\cos\frac{\alpha - \beta}{2} \sin\frac{\alpha + \beta}{2}$$

ergibt sich folgende Gleichung der resultierenden Welle:

$$\xi_r = \xi_1 + \xi_2 = 2\xi_m \cos\left(\frac{\pi\Delta x}{\lambda}\right) \times$$

$$\times \sin\left[2\pi\left(ft - \frac{x}{\lambda}\right) - \frac{\pi\Delta x}{\lambda}\right].$$

Diese Welle besitzt die gleiche Frequenz und Wellenlänge wie die primären Wellen. Amplitude und Phase haben sich jedoch geändert. Die Amplitude

$$\xi_{rm} = 2\xi_m \cos\frac{\pi\Delta x}{\lambda}$$

ist nicht nur von der Amplitude der Einzelwellen sondern auch vom Gangunterschied Δx abhängig.

Die Summe der beiden Wellen wird wesentlich von der Größe Δx bestimmt. Die Wellen können sich sowohl maximal verstärken als auch vollständig auslöschen (Abb. 30):

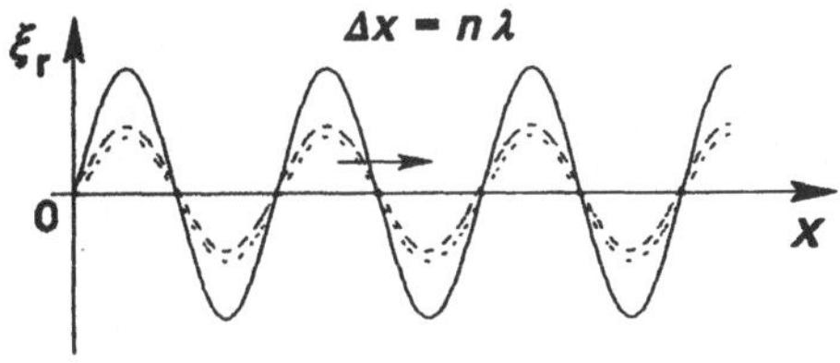

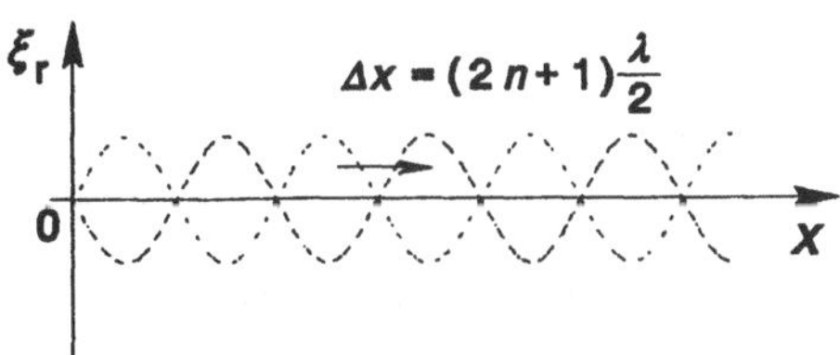

Abb. 30: Überlagerung zweier Wellen

Bedingung für maximale Verstärkung:

$$\Delta x = n\lambda \ .$$

Bedingung für vollständige Auslöschung:

$$\Delta x = (2n + 1)\frac{\lambda}{2} .$$

Darin ist $n = 0, 1, 2, \ldots$ die Ordnungszahl der Interferenz.

Zwischen diesen Fällen gibt es verschiedene Übergänge.

7.6 Beugung. Treffen Wellen auf einen Spalt oder eine Blendenöffnung mit Abmessungen in der Größenordnung der Wellenlänge, dann erfolgt ihre Ausbreitung auch in den geometrischen Schattenraum hinein (Abb. 31). Sie werden gewissermaßen um die Kanten der Öffnung herum gelenkt. Die Erklärung für die sogenannte *Beugung* von Wellen liefert das *Huygens-Fresnelsche Prinzip.*

Alle Punkte einer Wellenfläche sind selbst Ausgangspunkte von Elementarwellen (Ku- *gelwellen), durch deren Interferenz der sich weiterhin entwicklende Wellenvorgang erklärt werden kann.*

Beugung ist ebenso wie Interferenz ein typisches Merkmal einer Welle.

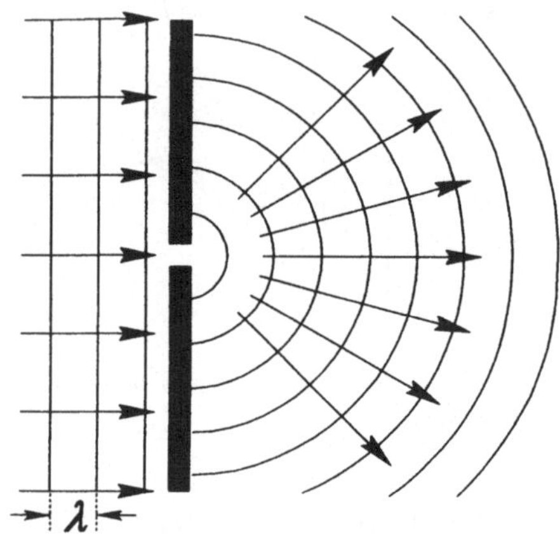

Abb. 31: Beugung am Spalt (Spaltöffnung $\leq \lambda$)

Wärme

8 Zustandsgrößen

8.1 Volumen und Dichte. Das *Volumen* (Rauminhalt) V eines Körpers ist der von seiner Oberfläche eingeschlossene Teil des Raumes.

Einheit des Volumens: $[V] = 1\ \text{m}^3$.

Für das Kubikdezimeter wird auch der Name Liter verwendet: $1\ \text{dm}^3 = 10^{-3}\ \text{m}^3 = 1\ \text{l}$.

Verschiedene Stoffe unterscheiden sich durch ihre *Dichte* (Massendichte) ρ. Als Dichte bezeichnet man das Verhältnis der Masse eines homogenen Körpers zu seinem Volumen:

$$\rho = \frac{m}{V}\ .$$

Einheit der Dichte: $[\rho] = 1\ \text{kg/m}^3$.

Ein gebräuchliches Vielfaches ist $1\ \text{kg/dm}^3 = 1\ \text{kg/l} = 1\ \text{g/cm}^3 = 1\ \text{t/m}^3$.

Die Dichten von Flüssigkeiten und Gasen sind stark von Druck und Temperatur abhängig.

8.2 Druck. *Definition des Druckes.* Im Inneren und an den Grenzflächen einer ruhenden Flüssigkeit oder eines ruhenden Gases übt die Flüssigkeit oder das Gas auf jedes Flächenelement einer Fläche eine Kraft aus. Der Quotient aus der entgegen der Flächennormalen angreifenden Gesamtkraft F (Summe aller Einzelkräfte) und der Größe der Fläche A heißt *Druck* (Abb. 32):

$$p = \frac{F}{A}\ .$$

Einheit des Druckes:
$[p] = 1\ \text{N/m}^2 = 1\ \text{Pascal (Pa)}$.

Eine weitere oft verwendete Druckeinheit ist das Bar:
$1\ \text{bar} = 10^5\ \text{Pa}$.
Der mittlere Luftdruck beträgt $p_0 = 1013{,}25\ \text{mbar} = 1013{,}25\ \text{hPa}$.

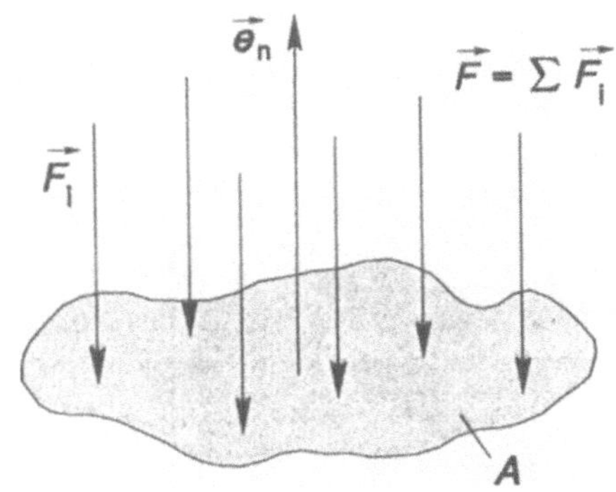

Abb. 32: Zur Definition des Druckes

Der Druck ist eine *skalare Größe*.

Statischer Druck. Durch die Gewichtskraft der Moleküle herrscht in den tieferen Schichten von Flüssigkeiten und Gasen ein *Schweredruck*. Häufig wird außerdem durch äußere Kräfte ein *Kolbendruck* ausgeübt. Die Summe aus Kolbendruck und Schweredruck heißt *statischer Druck*.

Vernachlässigt man bei kleinen Volumina die Wirkung der Schwerkraft, so ist im Inneren und an den Grenzflächen einer Flüssigkeit oder eines Gases der statische Druck überall gleich (Gesetz von der allseitigen Gleichheit des Druckes).

Schweredruck in Flüssigkeiten. Auf eine waagerechte Fläche A wirkt in der Tiefe h einer Flüssigkeit die Gewichtskraft der darüber liegenden Flüssigkeitssäule $F_\mathrm{G} = m\,g = \rho\,g\,V = \rho\,g\,A\,h$ (Abb. 33). Mit $p = F_\mathrm{G}/A$ erhält man

$$p = \rho\,g\,h\ .$$

Der Schweredruck in einer Flüssigkeit wächst linear mit der Tiefe.

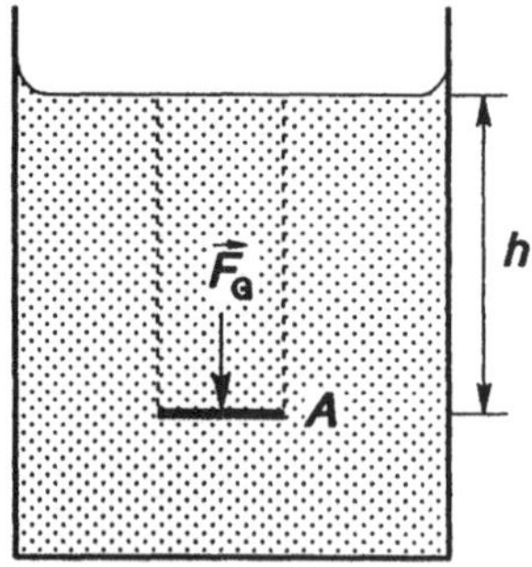

Abb. 33: Zum Schweredruck in einer Flüssigkeit

Schweredruck in Gasen. Für Gase ist die Beziehung $p = \rho\,g\,h$ nur bei sehr kleinen Höhendifferenzen anwendbar, weil sich mit dem Druck auch die Dichte ändert. In der Erdatmosphäre nimmt beim Anstieg $\mathrm{d}h$ der Druck um $\mathrm{d}p = -\rho\,g\,\mathrm{d}h$ ab. Setzt man voraus, daß sich die Temperatur nicht ändert, dann liefert das Gesetz von Boyle-Mariotte (s. 8.5) zwischen Druck p und Dichte ρ in der Höhe h sowie Druck p_0 und Dichte ρ_0 auf Meeresniveau den Zusammenhang $p/\rho = p_0/\rho_0$. Durch Integration

$$\int_{p_0}^{p} \frac{\mathrm{d}p}{p} = -\frac{\rho_0\,g}{p_0} \int_{0}^{h} \mathrm{d}h$$

ergibt sich die *barometrische Höhenformel*

$$p = p_0\,e^{-\rho_0 g h/p_0}\ .$$

Der Schweredruck eines Gases nimmt mit zunehmender Höhe exponentiell ab (Abb. 34).

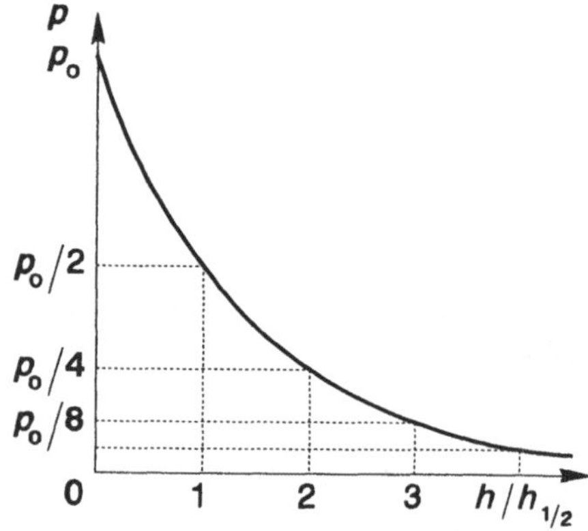

Abb. 34: Druckabfall in der Atmosphäre mit zunehmender Höhe bei konstanter Temperatur ($p_0 = 1013{,}25$ hPa, $h_{1/2} = 5{,}54$ km)

Eine wesentliche Eigenschaft der Exponentialfunktion wird anschaulich, wenn man mit $p = p_0/2$ die sogenannte *Halbwerthöhe* $h_{1/2} = p_0\,\ln2/(\rho_0\,g)$ ermittelt. Sie beträgt für die Erdatmosphäre $h_{1/2} = 5{,}54$ km. Dies besagt, daß bei einem Höhenzuwachs von 5,54 km der Luftdruck jeweils auf die Hälfte des vorherigen Wertes abnimmt.

Zahlreiche physikalisch-technische Vorgänge werden durch Exponentialfunktionen zur Basis $e = 2{,}71828\ \ldots$ beschrieben. Weitere Beispiele für exponentiell abklingende Erscheinungen sind: die abklingenden Amplituden gedämpfter Schwingungen (s. 7.2), die Entladung von Kondensatoren, die Umwandlung radioaktiver Atomkerne (s. 17.2) und die Schwächung elektromagnetischer Strahlung.

8.3 Temperatur. Die *Temperatur T* ist ein Maß für die Bewegungsenergie der Moleküle eines Körpers. Zwischen der mittleren kinetischen Energie und der Temperatur besteht der Zusammenhang

$$E_{\text{kin}} = \frac{3}{2} kT \, .$$

Der Proportionalitätsfaktor heißt *Boltzmann-Konstante*
$k = 1{,}380658 \cdot 10^{-23}$ J K^{-1}.

Die Temperatur ist eine Basisgröße des Internationalen Einheitensystems (SI). Als Fixpunkt der thermodynamischen Temperaturskale dient die Temperatur des *Tripelpunktes* von reinem Wasser ($T_{\text{Tr}} = 273{,}16$ K, $t_{\text{Tr}} = 0{,}01$ °C). Am Tripelpunkt bestehen die drei Phasen fest, flüssig und gasförmig nebeneinander.

Einheit der Temperatur: Die Einheit der (thermodynamischen) Temperatur ist das Kelvin (K). Ein Kelvin ist der 273,16te Teil der Temperatur des Tripelpunktes von Wasser.

Das Kelvin ist nicht nur Einheit der Temperatur, sondern auch der *Temperaturdifferenz* (Temperaturintervall, Temperaturänderung). Temperaturdifferenzen dürfen nur in Kelvin angegeben werden.

Die in der Praxis häufig benutzte *Celsius-Temperaturskale* legt als Nullpunkt den Schmelzpunkt des Eises $T_0 = 273{,}15$ K fest. Die Celsius-Temperatur t ist definiert als Differenz aus einer Temperatur T und der Temperatur T_0:

$$t = T - T_0 \, .$$

Sie wird in Grad Celsius (°C) gemessen.

8.4 Thermische Ausdehnung der Festkörper und Flüssigkeiten. *Lineare Ausdehnung fester Körper.* Die meisten Festkörper und Flüssigkeiten dehnen sich bei Temperaturerhöhung nach allen Raumrichtungen aus. Bei Stäben, Rohren und Drähten interessiert nur die Längenausdehnung. Die relative Verlängerung $\Delta l/l$ ist proportional der Temperaturerhöhung ΔT:

$$\boxed{\frac{\Delta l}{l} = \alpha_l \, \Delta T \, .}$$

Der materialabhängige Proportionalitätsfaktor α_l heißt *Längenausdehnungskoeffizient*.
Seine Einheit ist $[\alpha_l] = 1$ K^{-1}.

Hat ein stabförmiger Körper bei der Temperatur t_1 die Länge l_1, so besitzt er bei der Temperatur t_2 die Länge

$$l_2 = l_1 \, [1 + \alpha_l \, (t_2 - t_1)],$$

wobei $t_2 - t_1 = T_2 - T_1 = \Delta T$ die Temperaturdifferenz ist.

Die Längenausdehnungskoeffizienten der Metalle liegen in der Größenordnung von $\alpha_l \approx 10^{-5}$ K^{-1}.

Volumenausdehnung fester Körper. Die Längenausdehnung eines Körpers ist immer mit einer Volumenänderung verbunden. Für die relative Volumenänderung gilt eine entsprechende Gleichung wie für die Längenänderung:

$$\boxed{\frac{\Delta V}{V} = \gamma \, \Delta T \, .}$$

Die Größe γ wird *Volumenausdehnungskoeffizient* genannt. Man kann die Volumenausdehnung auch in der Form

$$V_2 = V_1 \, [1 + \gamma \, (t_2 - t_1)]$$

beschreiben.

Einen einfachen Zusammenhang zwischen dem Volumenausdehnungskoeffzienten γ und dem Längenausdehnungskoeffizenten α_l gewinnt man durch Berechnung der räumlichen Ausdehnung eines Würfels mit der Kantenlänge l infolge Temperaturerhöhung $t_2 - t_1 = \Delta T$:

$$V_2 = l_2^{\,3} = l_1^{\,3}\,(1 + \alpha_l\,\Delta T)^3$$
$$= V_1\,(1 + 3\,\alpha_l\,\Delta T + 3\,\alpha_l^{\,2}\,\Delta T^{\,2} + \alpha_l^{\,3}\,\Delta T^{\,3}).$$

Da $\alpha_l\,\Delta T \ll 1$ ist, können die Glieder 2. und 3. Grades in der Klammer gegenüber $3\,\alpha_l\,\Delta T$ vernachlässigt werden. Somit ist $\gamma = 3\,\alpha_l$.

Volumenausdehnung von Flüssigkeiten. Für die Volumenänderung von Flüssigkeiten gelten die gleichen Gesetzmäßigkeiten wie für feste Körper. Allerdings sind die Raumausdehnungskoeffizienten größer ($\gamma \approx 10^{-3}\ \mathrm{K}^{-1}$). Da bei der Volumenvergrößerung die Masse konstant bleibt, nimmt mit steigender Temperatur die Dichte ab:

$$\rho_2 = \frac{\rho_1}{1 + \gamma\,\Delta T}\,.$$

Eine Ausnahme bildet Wasser (Anomalie des Wassers). Wasser hat bei 4 °C mit $\rho_{max} = 999{,}973\ \mathrm{kg/m^3}$ seine größte Dichte.

8.5 Zustandsgleichung idealer Gase.

Das Volumen von Gasen hängt nicht nur von der Temperatur, sondern auch vom Druck ab. Zur Beschreibung des Verhaltens aller Gase, die weit von der Verflüssigung entfernt sind, hat sich das Modell des idealen Gases bewährt.

Das *ideale Gas* ist eine gedachte Substanz mit folgenden Eigenschaften: Die Teilchen (Atome, Moleküle, Ionen) üben keine Anziehungskräfte aufeinander aus; das Eigenvolumen der Teilchen ist gegenüber dem vom Gas eingenommenen Raum vernachlässigbar; zwischen den Teilchen untereinander sowie zwischen den Teilchen und den Gefäßwänden finden nur elastische Zusammenstöße statt; die Teilchen befinden sich in statistisch ungeordneter Bewegung.

Das ideale Gas befolgt exakt die *allgemeine Zustandsgleichung*:

$$pV = \nu\,N_A\,kT = \nu\,RT = \frac{m}{M}\,RT\,.$$

Hierin bedeuten ν die Stoffmenge, M die molare Masse und m die Gesamtmasse des Gases.

Die *Stoffmenge* ν mit der Einheit Mol (mol) ist eine Basisgrößenart des SI. Das *Mol* ist die Stoffmenge eines Systems, das aus so vielen elementaren Teilchen besteht, wie Atome in 0,012 kg des Kohlenstoffs 12 enthalten sind.
Die auf die Stoffmenge bezogene Masse heißt *molare Masse $M = m/\nu$*. Ihre Einheit ist kg/mol.
Der Quotient aus der Anzahl N der Teilchen und der Stoffmenge ν ist die *Avogadro-Konstante*

$$N_A = \frac{N}{\nu} = 6{,}022\ 136\ 7 \cdot 10^{23}\ \mathrm{mol^{-1}}.$$

Sie gibt die Anzahl der Teilchen in der Teilchenmenge 1 mol eines beliebigen Stoffes an. Diese Masse eines Teilchens m_M berechnet sich zu $m_M = M/N_A$.

Die Avogadro-Konstante N_A und die Boltzmann-Konstante k werden zur *universellen (molaren) Gaskonstante*
$R = N_A\,k = 8{,}314\ 510\ \mathrm{J/(mol\ K)}$
zusammengefaßt.

Das Verhalten realer Gase gibt die Zustandsgleichung umso besser wieder, je geringer der Druck und je höher die Temperatur ist.

Aus der Zustandsgleichung des idealen Gases folgen mehrere Einzelgesetze.

Bei gleichbleibender Temperatur gilt das *Gesetz von Boyle-Mariotte*. Es besagt, daß das Produkt aus dem Druck p und dem

Volumen V einer abgeschlossenen Gasmenge konstant ist:

T = const:

$$pV = p_o \, V_o = \text{const} \, .$$

Die p,V-Kurven (*Isothermen*) des idealen Gases werden durch gleichseitige Hyperbeln dargestellt (Abb. 35).

Bei gleichbleibendem Druck ergibt sich das *erste Gesetz von Gay-Lussac*:

p = const:

$$\frac{V}{T} = \frac{V_o}{T_o} = \text{const} \, .$$

Im V,T-Diagramm (Abb. 35) erhält man Geraden (*Isobaren*). Die Abhängigkeit des Volumens von der Temperatur bei konstantem Druck kann auch durch den Ausdruck

$$V = V_o \, (1 + \gamma t)$$

beschrieben werden, wenn V_o das Volumen bei $t_o = 0$ °C ist. Der Volumenausdehnungskoeffizient ist für alle Gase nahezu gleich

$$\gamma = 0{,}003661 \ \text{K}^{-1} = \frac{1}{273{,}15 \ \text{K}} \, .$$

Wird bei einer Temperaturänderung das Volumen des idealen Gases konstant gehalten, dann befolgt die Druckänderung das *zweite Gesetz von Gay-Lussac*:

V = const:

$$\frac{p}{T} = \frac{p_o}{T_o} = \text{const}$$

oder

$$p = p_o \, (1 + \alpha_p t).$$

Die p,T-Geraden (Abb. 35) werden *Isochoren* genannt. Der Spannungskoeffizient α_p ist gleich dem Volumenausdehnungskoeffizienten γ.

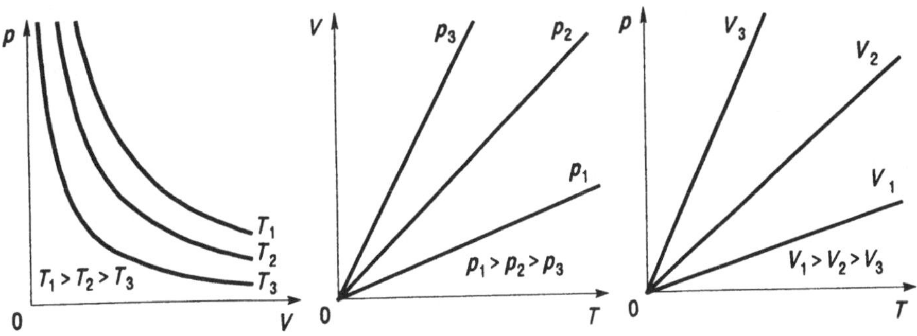

Abb. 35: Isothermen, Isobaren und Isochoren des idealen Gases

9 Zustandsänderungen

9.1 Wärmemenge und Wärmekapazität.
Berühren sich zwei Körper unterschiedlicher Temperatur, so geht Energie (Wärme) vom wärmeren Körper zum kälteren über. Die *Wärmemenge Q* ist eine Form der Energie. Ihre Einheit stimmt mit der Einheit der mechanischen Arbeit überein.

Einheit der Wärmemenge: $[Q]$ = 1 Joule (J).

Führt man einem Körper der Masse m die Wärmemenge dQ zu, so erhöht sich seine Temperatur um dT. Es gilt

$$dQ = C \, dT = c \, m \, dT.$$

Die Proportionalitätskonstante C heißt *Wärmekapazität* des Körpers und der Quotient $c = C/m$ *spezifische Wärmekapazität* der Substanz. Diese Größen werden in folgenden Einheiten angegeben: $[C]$ = 1 J/K und $[c]$ = 1 J/(kg K).
Oft wird auch die auf die Stoffmenge bezogene Wärmekapazität, die *molare Wärmekapazität* (Molwärme),

$$C_\mathrm{m} = \frac{C}{\nu} = \frac{cm}{\nu} = cM$$

mit der Einheit $[C_\mathrm{m}]$ = 1 J/(mol K) verwendet.

Die Größen C, C_m und c sind keine Konstanten, sondern hängen von der Temperatur ab. Bei Gasen muß man zwischen den spezifischen bzw. molaren Wärmekapazitäten bei konstantem Druck c_p, $C_{\mathrm{m}p}$ und konstantem Volumen c_v, $C_{\mathrm{m}v}$ unterscheiden, wobei stets gilt $c_p > c_v$, $C_{\mathrm{m}p} > C_{\mathrm{m}v}$ (s. 9.6).

Werden zwei Körper mit den Massen m_1 und m_2 in Kontakt gebracht, dann ist die vom Körper mit der höheren Temperatur T_1 abgegebene Wärmemenge gleich der vom Körper mit der tiefen Temperatur T_2 aufgenommenen Wärmemenge, und es stellt sich eine *Mischungstemperatur T_m* ein. Wenn keine Änderung des Aggregatzustandes eintritt, gilt die *Richmannsche Mischungsregel*

$$c_1 m_1 (T_1 - T_\mathrm{m}) = c_2 m_2 (T_\mathrm{m} - T_2) \, .$$

9.2 Erster Hauptsatz. Da die Wärmemenge eine Form der Energie ist, kann man den Energieerhaltungssatz der Mechanik (s. 4.3) zu einem allgemeinen Energieprinzip, dem *ersten Hauptsatz der Thermodynamik*, erweitern.

Wenn ein System mit seiner Umgebung nicht in Wechselwirkung tritt, wird es als *abgeschlossenes System* bezeichnet. Die gesamte im System vorhandene *innere Energie U*, gleichgültig welcher Art, bleibt daher zeitlich konstant. Sie kann sich nur ändern, wenn von außen die Wärmemenge dQ oder die Arbeit dW zugeführt wird bzw. wenn das System Energie nach außen abgibt.

Vorzeichenkonvention: Die dem System zugeführte Wärmemenge und Arbeit erhalten positive Vorzeichen, die vom System abgegebene Wärmemenge und Arbeit sind negativ.

Der erste Hauptsatz der Thermodynamik besagt daher:

Die Änderung der inneren Energie eines abgeschlossenen Systems ist gleich der Summe der von außen zugeführten Wärmemenge und der am System verrichteten Arbeit

$$dU = dQ + dW \, .$$

Dieser Formulierung ist der Erfahrungssatz von der Unmöglichkeit eines *Perpetuum mobile erster Art* inhaltlich gleichwertig. Es gibt keine periodisch arbeitende Maschine, die dauernd Arbeit ohne Energiezufuhr verrichtet.

Wenn man ein ideales Gas erwärmt, vergrößert sich seine innere Energie, und es kann eine *Volumenänderungsarbeit* verrichten. Bei Wirkung des äußeren Druckes $p = F/A$ vergrößert sich das Volumen des in einem Zylinder befindlichen Gases, indem sich der Kolben um die Strecke ds verschiebt (Abb. 36). Es gilt $dW = F\,ds = p\,A\,ds$. Berücksichtigt man die Vorzeichenkonvention, so ergibt sich die reversible Volumenänderungsarbeit des Gases zu

$$dW = -p\,dV .$$

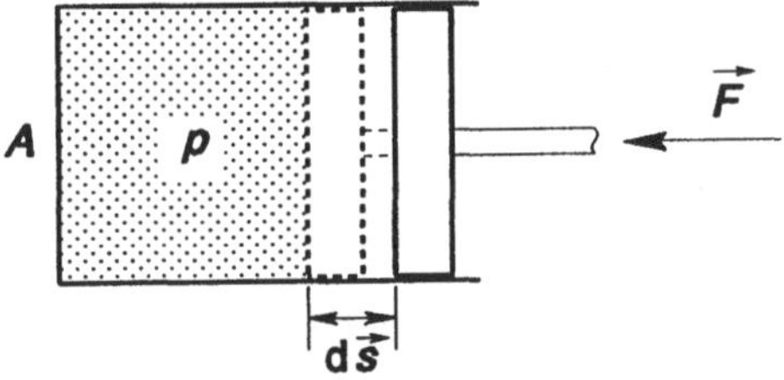

Abb. 36: Zur Volumenänderungsarbeit eines Gases

Der erste Hauptsatz kann dann in folgende mathematische Form gebracht werden:

$$\boxed{dU = dQ - p\,dV .}$$

9.3 Isotherme Zustandsänderung. Ein Wärmespeicher konstanter Temperatur und großer Wärmekapazität umgibt das in einem Zylinder befindliche Gas. Wenn sich die Temperatur nicht ändert (T = const, $dT = 0$), bleibt auch die innere Energie U

des Gases konstant, und es gilt $dU = 0$. In diesem Fall lautet der erste Hauptsatz

$$dQ = p\,dV = -dW .$$

Die gesamte aus dem Wärmereservoir zugeführte Wärmemenge wandelt sich in Volumenänderungsarbeit um. Mit Hilfe der allgemeinen Zustandsgleichung des idealen Gases errechnet sich die bei einer isothermen Expansion von V_1 auf V_2 verrichtete Arbeit zu

$$-W_{12} = \int_{V_1}^{V_2} p\,dV = \nu RT \int_{V_1}^{V_2} \frac{dV}{V} .$$

Somit folgt

$$\boxed{-W_{12} = Q_{12} = \nu RT \ln \frac{V_2}{V_1} .}$$

Im p,V-Diagramm entspricht die Volumenänderungsarbeit der punktierten Fläche unter der Kurve (Abb. 37).

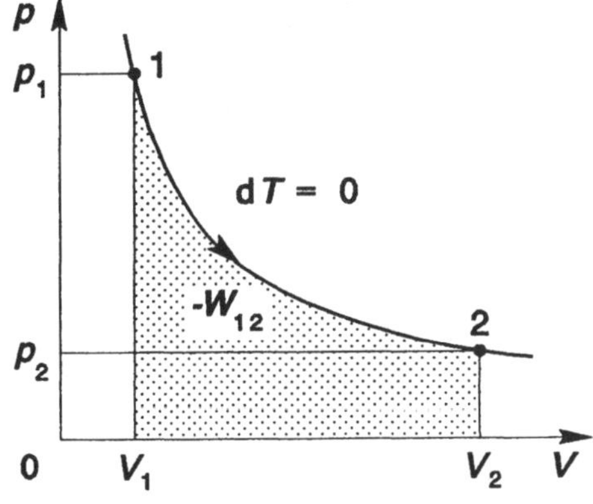

Abb. 37: Isotherme Expansion

Bei der isothermen Kompression von V_2 auf V_1 wird die gesamte zugeführte Arbeit als Wärme an den Wärmespeicher abgegeben.

9.4 Isobare Zustandsänderung. Hält man bei einer Temperaturerhöhung den Druck (z.B. den äußeren Luftdruck) mittels eines beweglichen Kolbens in einem Gas konstant, so heißt die Zustandsänderung isobar. Für p = const, dp = 0, ergibt die allgemeine Zustandsgleichung $p\,dV = \nu\,R\,dT$. Somit folgt nach dem ersten Hauptsatz

$$dU = dQ - \nu\,R\,dT \; .$$

Bei der isobaren Expansion dient nur ein Teil der zugeführten Wärmemenge zur Erhöhung der inneren Energie, der Rest wird in Volumenänderungsarbeit umgewandelt. Mit $-dW = p\,dV$ und $dQ = \nu\,C_{mp}\,dT$ erhält man

$$\boxed{\begin{aligned} -W_{12} &= p(V_2 - V_1) \text{ und} \\ Q_{12} &= \nu\,C_{mp}(T_2 - T_1) \; . \end{aligned}}$$

Die Volumenänderungsarbeit ist gleich der Fläche unter der Isobare (Abb. 38).

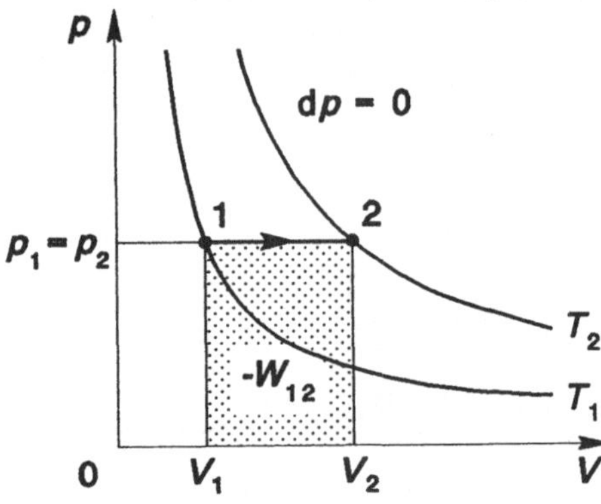

Abb. 38: Isobare Expansion

9.5 Isochore Zustandsänderung. Schließt man das Gas in einem Behälter fest ein, so daß sich das Volumen nicht ändert (V = const, dV = 0), dann kann Arbeit weder zugeführt noch vom System verrichtet werden. Bei einer isochoren Zustands-

änderung dient die gesamte zugeführte Wärmemenge zur Erhöhung der inneren Energie des Gases:

$$dQ = dU = \nu\,C_{mv}\,dT \; .$$

Man kann daher schreiben

$$\boxed{-W_{12} = 0, \quad Q_{12} = \nu\,C_{mv}(T_2 - T_1) \; .}$$

Auf Grund des zweiten Gesetzes von Gay-Lussac (s. 8.5) ist die isochore Temperatursteigerung immer mit einer Druckerhöhung verbunden.

Im p,V-Diagramm wird die Isochore als senkrecht verlaufende Gerade wiedergegeben (Abb. 39).

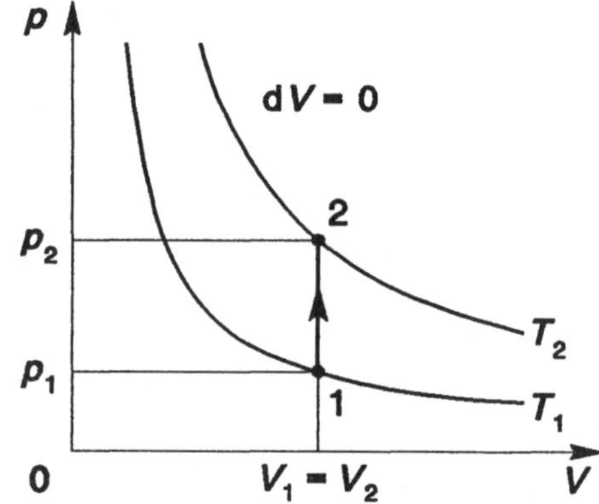

Abb. 39: Isochore Druckerhöhung

Wird dem System eine Wärmemenge entzogen, dann verringert sich die innere Energie, so daß die Temperatur und der Druck sinken.

9.6 Adiabatische Zustandsänderung. Bei der adiabatischen Zustandsänderung findet zwischen dem Gas und der Umgebung kein Wärmeaustausch statt. Man kann daher sowohl $Q = 0$ als auch $dQ = 0$ setzen. Verwirklichen läßt sich ein adiabatischer

Prozeß entweder durch gute Wärmeisolation des Gasbehälters oder sehr schnellen Ablauf der Zustandsänderung. Der erste Hauptsatz liefert dafür $dU = dW = -p\,dV$. Bei einer adiabatischen Expansion verrichtet das Gas Arbeit unter Verringerung seiner inneren Energie, so daß die Temperatur sinkt:

$$-W_{12} = \nu\,C_{mv}(T_1 - T_2), \quad Q_{12} = 0\ .$$

Die adiabatische Kompression ist dagegen mit einer Temperaturerhöhung verbunden.

Der erste Hauptsatz ergibt mit Hilfe der allgemeinen Zustandsgleichung des idealen Gases für adiabatische Vorgänge

$$pV^\kappa = \text{const}, \quad T^\kappa p^{\kappa-1} = \text{const},$$
$$TV^{\kappa-1} = \text{const}\ .$$

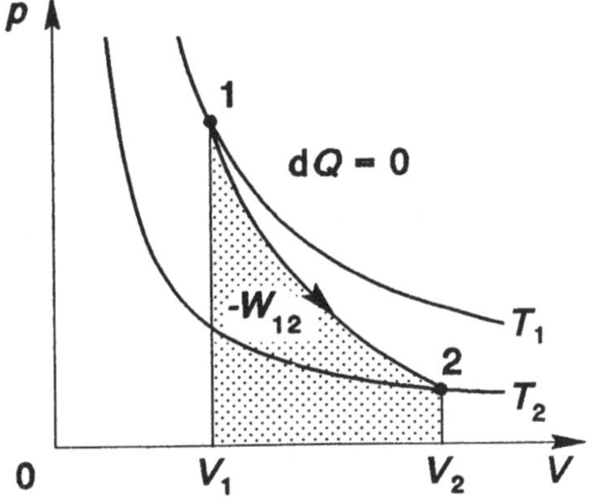

Abb. 40: Adiabatische Expansion

Diese Beziehungen werden als *Poissonsche Adiabatengleichungen* bezeichnet. Die Größe

$$\kappa = \frac{C_{mp}}{C_{mv}} = \frac{c_p}{c_v} > 1$$

heißt *Adiabatenexponent*.

Im p,V-Diagramm verläuft die Adiabate steiler als die Isothermen (Abb. 40).

9.7 Kreisprozeß. Ein *Kreisprozeß* ist dadurch gekennzeichnet, daß ein thermodynamisches System nach einer Folge von Zustandsänderungen wieder in den ursprünglichen Zustand zurückkehrt. Die Zustandsgrößen p, V und T besitzen am Ende des Vorganges dieselben Werte wie am Anfang. Verlaufen alle Zustandsänderung hinreichend langsam und reibungsfrei, dann kann der Prozeß als *reversibel* betrachtet werden.

Bei einem *rechtsläufigen Kreisprozeß* wird der geschlossene Kurvenzug im p,V-Diagramm im Uhrzeigersinn durchlaufen (Abb. 41). Die Flächen unter den beiden Teilkurven entsprechen den Volumenänderungsarbeiten. Die nach außen abgegebene *Nutzarbeit* ist gleich der vom Kreisprozeß umschlossenen Fläche. Wiederholt sich der Vorgang periodisch, dann wird laufend Wärme in mechanische Arbeit umgewandelt (Wärmekraftmaschine).

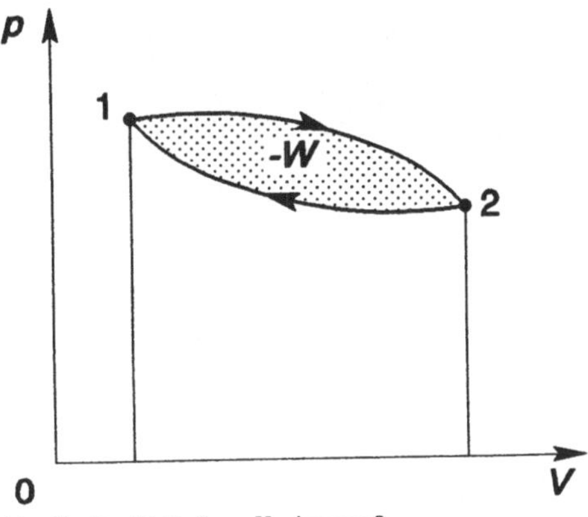

Abb. 41: Rechtsläufiger Kreisprozeß

Im Falle eines *linksläufigen* Kreisprozesses erfolgt dagegen eine Umwandlung von mechanischer Arbeit in Wärme (Kältemaschine, Wärmepumpe).

Das idealisierte Modell einer Wärmekraftmaschine zur Umwandlung von Wärme in mechanische Arbeit beschreibt der reversible *Carnotsche Kreisprozeß*. Er besitzt den maximal möglichen thermodynamischen Wirkungsgrad.

Die technisch nicht realisierbare Carnot-Maschine besteht aus einem Zylinder mit beweglichem Kolben, der als Arbeitssubstanz ein ideales Gas konstanter Stoffmenge enthält. Das Gas kann isotherm Wärme aufnehmen oder abgeben, indem es mit zwei großen Wärmebehältern der Temperaturen T_1 und $T_2 < T_1$ so in Kontakt gebracht wird, daß sich deren Temperaturen nicht verändern.

Der Kreisprozeß wird so geführt, daß das Gas die folgenden vier Zustandsänderungen durchläuft (Abb. 42): isotherme Expansion $(1 \rightarrow 2)$, adiabatische Expansion $(2 \rightarrow 3)$, isotherme Kompression $(3 \rightarrow 4)$, adiabatische Kompression $(4 \rightarrow 1)$.

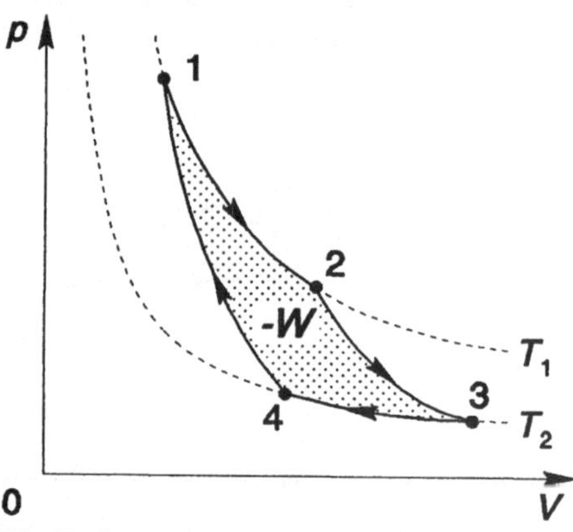

Abb. 42: Carnotscher Kreisprozeß

Für die adiabatischen Zustandsänderungen gilt $V_2/V_3 = V_1/V_4$. Beide Teilprozesse liefern wegen

$$-W_{23} = \nu\, C_{mv}(T_1 - T_2) \text{ und}$$
$$W_{41} = \nu\, C_{mv}(T_2 - T_1)$$

in ihrer Summe keinen Beitrag zur verrichteten Arbeit.

Die bei der isothermen Expansion abgegebene Arbeit $-W_{12}$ ist gleich der Wärmemenge Q_{12}, die dem Wärmereservoir der hohen Temperatur T_1 entnommen wird:

$$-W_{12} = Q_{12} = \nu R T_1 \ln \frac{V_2}{V_1}\ .$$

Zur isothermen Kompression des Gases ist die Arbeit W_{34} erforderlich, wobei der Wärmebehälter der tiefen Temperatur T_2 die Wärmemenge $-Q_{34}$ aufnimmt:

$$W_{34} = -Q_{34} = \nu R T_2 \ln \frac{V_3}{V_4}\ .$$

Die beim Carnotschen Kreisprozeß vom System abgegebene Arbeit $-W$ ist somit gleich der Summe der Teilarbeiten

$$-W = -W_{12} - W_{34} = \nu R\left(T_1 \ln \frac{V_2}{V_1} - T_2 \ln \frac{V_2}{V_1}\right)$$

bzw.

$$-W = \nu R\,(T_1 - T_2)\ \ln \frac{V_2}{V_1}\ .$$

Der *thermodynamische Wirkungsgrad* η_C der Carnot-Maschine ist definiert als das Verhältnis der verrichteten Arbeit $-W$ zur zugeführten Wärmemenge Q_{12}:

$$\boxed{\ \eta_C = \frac{-W}{Q_{12}} = \frac{T_1 - T_2}{T_1} < 1\ .\ }$$

Er hängt nur von den Temperaturen T_1 und T_2 der beiden Wärmebehälter ab.

Jede wirkliche Wärmekraftmaschine (Verbrennungsmotor, Dampf- und Gasturbine) hat einen kleineren Wirkungsgrad, weil die Prozesse nicht reversibel sind.

Elektrizität und Magnetismus

10   Elektrostatik

10.1   Elektrische Ladung. Es gibt zwei verschiedene Arten der *elektrischen Ladung Q*. Sie werden durch ihr Vorzeichen, positiv (+) oder negativ (-), voneinander unterschieden. Jede elektrische Ladung ist an eine Masse gebunden. Der Quotient aus Ladung und Masse des Körpers heißt *spezifische Ladung Q /m*.

Gleichartig elektrisch geladene Körper stoßen sich ab; ungleichartig elektrisch geladene Körper ziehen sich an.

In einem abgeschlossenen System bleibt die Summe aus positiven und negativen Ladungen zeitlich konstant (Erhaltungssatz der elektrischen Ladung).

Einheit der elektrischen Ladung:
$[Q]$ = 1 Coulomb (C).

Diese Einheit wird auch Amperesekunde genannt: 1 C = 1 A s (s. 11.1).

Elektrische Ladungen sind gequantelt. Jede Ladung ist ein ganzzahlig Vielfaches der *Elementarladung e*:
$$Q = \pm z e \quad (z = 0, 1, 2, ...)$$
mit
$$e = 1{,}602177 \cdot 10^{-19} \text{ C}.$$

Das *Elektron* mit der Ruhemasse $m_e = 9{,}109389 \cdot 10^{-31}$ kg trägt die elektrische Ladung $-e = -1{,}602177 \cdot 10^{-19}$ C. Die Ladung des *Protons* mit der Ruhemasse $m_p = 1{,}672623 \cdot 10^{-27}$ kg ist $+e = +1{,}602177 \cdot 10^{-19}$ C.

Die anziehende oder abstoßende Kraft zwischen zwei punktförmigen elektrischen Ladungen Q_1 und Q_2, die sich im Abstand r voneinander befinden, wird durch das *Coulombsche Gesetz* beschrieben:

$$F = \frac{1}{4\pi\varepsilon_0} \frac{Q_1 Q_2}{r^2} e_r = \frac{1}{4\pi\varepsilon_0} \frac{Q_1 Q_2}{r^2} \frac{r}{r},$$
$$F = \frac{1}{4\pi\varepsilon_0} \frac{Q_1 Q_2}{r^2}.$$

Darin ist $e_r = \dfrac{r}{r}$ der von Q_1 nach Q_2 weisende Einheitsvektor. Die Konstante ε_0 heißt *elektrische Feldkonstante*:

$$\varepsilon_0 = 8{,}854\ 187 \cdot 10^{-12} \text{ A s V}^{-1} \text{ m}^{-1}.$$

Streng gilt obige Beziehung nur im Vakuum. Befinden sich die Punktladungen in Luft, treten hiervon nur geringfügige Abweichungen auf.

10.2   Elektrische Feldstärke. In der Umgebung von Ladungen existiert ein elektrisches Feld. Zur Definition der *elektrischen Feldstärke E* in einem Punkt des Raumes wird die Kraft F benutzt, die eine möglichst kleine Probeladung Q_p an diesem Ort erfährt:

$$E = \frac{F}{Q_p}, \quad F = Q_p E.$$

Einheit der elektrischen Feldstärke:
$[E]$ = 1 N/C = 1 N/(A s) = 1 V/m.

Die elektrische Feldstärke E und die Kraft F sind Vektoren, weil Q_p eine skalare Größe ist.

Zur anschaulichen Darstellung elektrischer Felder dienen *Feldlinienbilder*. Die in den einzelnen Raumpunkten an die Feldlinien gelegten Tangenten geben die Richtung und die Feldliniendichte den Betrag der elektrischen Feldstärke an. Feldlinien schneiden sich nicht. In den durch ruhende elektrische Ladungen erzeugten *elektrostatischen Feldern* beginnen die Feldlinien stets an den positiven Ladungen (*Quellen*) und enden an den negativen Ladungen (*Senken*). Hier gibt es keine geschlossenen Feldlinien. Das elektrostatische Feld ist wirbelfrei. Auf elektrischen Leitern stehen die Feldlinien immer senkrecht.

Elektrisches Feld einer Punktladung. Im Feld einer einzelnen elektrischen Punktladung Q wirkt nach dem Coulombschen Gesetz auf eine kleine Probeladung Q_p am Ort r die Kraft

$$F = \frac{1}{4\pi\varepsilon_o}\, \frac{QQ_p}{r^2}\, \frac{r}{r}\,.$$

Somit folgt für die elektrische Feldstärke der Punktladung Q an diesem Ort

$$E = \frac{1}{4\pi\varepsilon_o}\, \frac{Q}{r^2}\, \frac{r}{r}\,, \qquad E = \frac{1}{4\pi\varepsilon_o}\, \frac{Q}{r^2}\,.$$

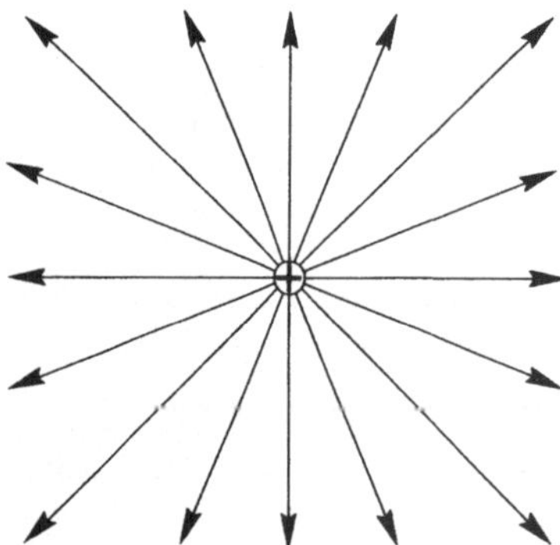

Abb. 43: Feldlinienbild einer positiven Punktladung

Die Feldlinien verlaufen geradling in radialer Richtung, wobei man sich die Ladung

der entgegengesetzten Polarität im Unendlichen vorzustellen hat (Abb. 43). Die Feldstärke nimmt quadratisch mit der Entfernung von der Punktladung ab.

Elektrisches Feld eines Dipols. Zwei Punktladungen gleichen Betrages, aber entgegengesetzter Polarität, die den Abstand l voneinander haben, bilden einen *elektrischen Dipol.* Die elektrischen Feldlinien verlaufen von der positiven zur negativen Ladung (Abb. 44). Der von $-Q$ nach $+Q$ gerichtete Vektor

$$p_e = Ql$$

heißt *elektrisches Dipolmoment.* In elektrischen Feldern wirken auf Dipole Kräfte und Drehmomente.

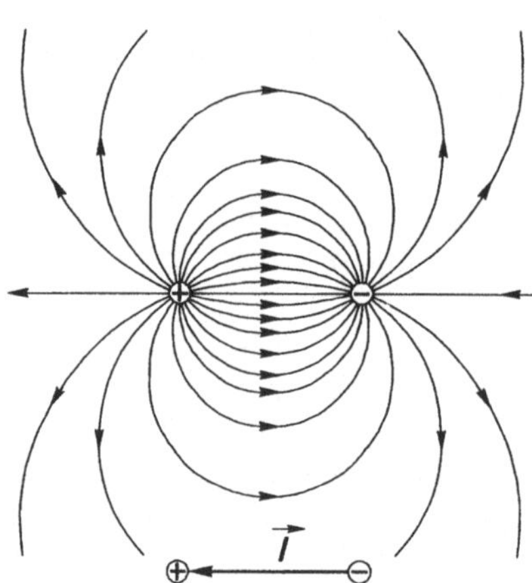

Abb. 44: Feldlinienbild eines Dipols

Homogenes elektrisches Feld. Zwischen zwei geladenen parallelen Metallplatten (Plattenkondensator), deren Ausdehnung groß gegen den Abstand ist, besteht ein *homogenes Feld.* Von den Randgebieten abgesehen, hat die elektrische Feldstärke überall den gleichen Betrag und die gleiche Richtung (Abb. 45). Der Betrag der elektrischen Feldstärke im homogenen Feld ist gleich dem Quotienten aus der Spannung zwischen den Platten und dem Plattenabstand:

$$E = \frac{U}{d} \; .$$

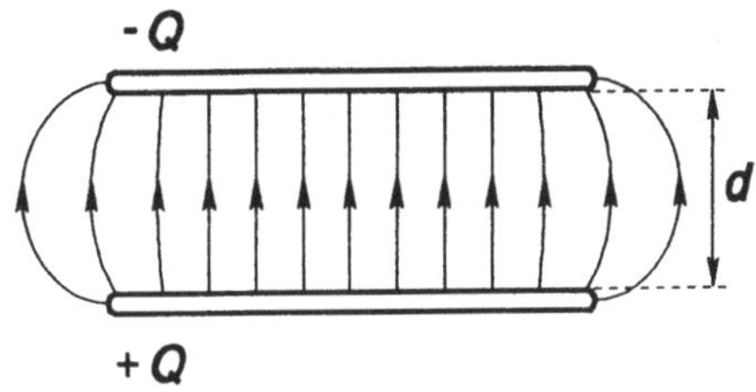

Abb. 45: Homogenes elektrisches Feld

10.3 Elektrische Spannung. Auf eine Probeladung Q_p wirkt im elektrostatischen Feld die Kraft $F = Q_\mathrm{p}\, E$. Wird Q_p auf dem Weg s_1 oder s_2 vom Punkt P_1 zum Punkt P_2 verschoben, dann verrichtet das Feld die Arbeit (Abb. 46)

$$W_{12} = \int_{P_1}^{P_2} F\, ds = Q_\mathrm{p} \int_{P_1}^{P_2} E\, ds \; .$$

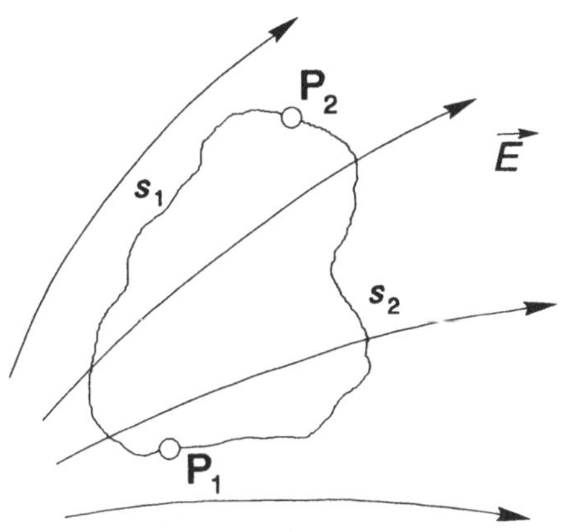

Abb. 46: Arbeit im elektrostatischen Feld

Diese Arbeit ist unabhängig vom Weg von P_1 nach P_2. Sie hängt nur von der Lage des Anfangs- und Endpunktes im Feld und von der Ladung Q_p ab. Die Begründung hierfür liefert der Energieerhaltungssatz. Längs eines beliebig geschlossenen Weges $s_1 + s_2$ muß die Arbeit Null sein, da sonst beim Herumführen einer Ladung auf geschlossener Bahn ein Energiegewinn erzielt werden könnte, ohne daß sich der Zustand des Feldes verändert hätte (Perpetuum mobile). Man kann daher schreiben

$$Q_\mathrm{p} \int_{P_1(Weg\, s_1)}^{P_2} E\, ds + Q_\mathrm{p} \int_{P_2(Weg\, s_2)}^{P_1} E\, ds = 0$$

oder

$$\boxed{\; \oint E\, ds = 0 \; .}$$

Der Kreis im Integralzeichen deutet an, daß über eine geschlossene Kurve integriert wird.

Teilt man die Arbeit W_{12} durch Q_p, so ergibt sich eine für das elektrostatische Feld charakteristische Größe, die nicht mehr von der Probeladung abhängt.

Der Quotient

$$\boxed{\; U_{12} = \frac{W_{12}}{Q_\mathrm{p}} = \int_{P_1}^{P_2} E\, ds \;}$$

heißt *elektrische Spannung* zwischen den Feldpunkten P_1 und P_2.

Einheit der elektrischen Spannung:
$[U] = 1\ \mathrm{J/C} = 1\ \mathrm{N\ m/(A\ s)} = 1\ \mathrm{Volt\ (V)}.$

Allgemein kann man für die an einer Ladung Q verrichteten Arbeit schreiben

$$W = QU \; .$$

10.4 Elektrisches Potential.

Die Arbeit bei der Verschiebung einer Probeladung Q_p von einem unendlich weit entfernten Punkt $P_2 = \infty$ im feldfreien Raum zum Feldpunkt $P_1 = P$ ist

$$W_{P\infty} = Q_\text{p} \int\limits_{P}^{\infty} E\,ds = -Q_\text{p} \int\limits_{\infty}^{P} E\,ds \; .$$

Diese Arbeit entspricht der potentiellen Energie der Ladung Q_p im elektrischen Feld am Punkt P. Teilt man die Arbeit wieder durch die Ladung Q_p, dann ergibt sich eine ladungsunabhängige Größe, die das Feld im Punkt P beschreibt. Sie wird als *elektrisches Potential* φ_e des Punktes P bezeichnet:

$$\varphi_\text{e} = \frac{W_{P\infty}}{Q_\text{p}} = -\int\limits_{\infty}^{P} E\,ds \; .$$

Das elektrische Potential ist ebenso wie die Arbeit eine skalare Größe. In der Elektrotechnik wird das Potential der Erde gleich Null gesetzt.

Mit Hilfe des Potentialbegriffes läßt sich die Arbeit, die das Feld bei der Verschiebung einer Probeladung Q_p zwischen den Feldpunkten P_1 und P_2 verrichtet, auch in der Weise berechnen, daß man den Weg in zwei Teilschritte zerlegt, von P_1 zu einem unendlich weit entfernten Punkt und von dort nach P_2:

$$W_{12} = Q_\text{p}\left(\int\limits_{P_1}^{\infty} E\,ds + \int\limits_{\infty}^{P_2} E\,ds \right) = Q_\text{p}\int\limits_{P_1}^{P_2} E\,ds$$

bzw.

$$W_{12} = Q_\text{p}\left(\varphi_{e1} - \varphi_{e2} \right) = Q_\text{p}\,U_{12} \; .$$

Die Potentialdifferenz zwischen zwei Punkten eines elektrischen Feldes ist identisch mit der Spannung zwischen diesen Punkten:

$$U_{12} = \varphi_{e1} - \varphi_{e2} \; .$$

Das Potential im Abstand r von einer Punktladung ergibt sich durch Integration über die elektrische Feldstärke zu

$$\varphi_\text{e}(r) = -\int\limits_{\infty}^{r} E\,dr = \frac{Q}{4\pi\,\varepsilon_o} \int\limits_{r}^{\infty} \frac{dr}{r^2} = \frac{Q}{4\pi\,\varepsilon_o\,r} \; .$$

Alle Punkte gleichen Potentials liegen auf den Oberflächen konzentrischer Kugeln (*Äquipotentialflächen*) mit der Ladung als Mittelpunkt.

Das Potential eines Dipols in einem weit entfernten Punkt P ergibt sich durch Addition der von $+Q$ und $-Q$ hervorgerufenen Anteile (Abb. 47) zu

$$\varphi_\text{e} = \frac{Q}{4\pi\,\varepsilon_o}\left(\frac{1}{r_1} - \frac{1}{r_2} \right) = \frac{Q}{4\pi\,\varepsilon_o}\left(\frac{r_2 - r_1}{r_1 r_2} \right) \; .$$

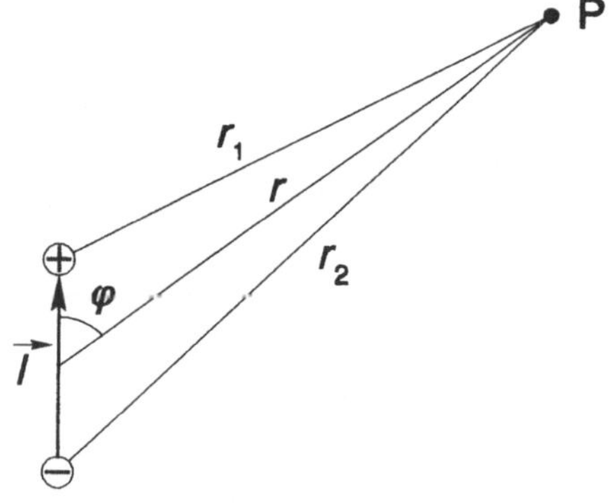

Abb. 47: Zur Berechnung des Potentials eines elektrischen Dipols

Ist l klein gegen r_1 und r_2, so gilt näherungsweise $r_1 \approx r_2 = r$ und $r_2 - r_1 \approx l \cos \varphi$. Damit ergibt sich für das Dipolpotential

$$\varphi_e = \frac{Q}{4\pi \varepsilon_0} \frac{l\cos\varphi}{r^2} .$$

10.5   Elektrische Kapazität. Ein System aus zwei elektrisch isolierten Leitern, auf denen sich entgegengesetzt gleiche Ladungen $+Q$ und $-Q$ befinden, wird *Kondensator* genannt. Das Schaltungssymbol sind zwei parallele Striche gleicher Länge. Kondensatoren dienen der Ansammlung elektrischer Ladungen. Die Ladung Q auf einem der Leiter und die Spannung U zwischen beiden Leitern sind einander proportional:

$$\boxed{Q = C\,U\,.}$$

Der Proportionalitätsfaktor C heißt *elektrische Kapazität*. Diese Größe charakterisiert das Speicherungsvermögen der Anordnung für elektrische Ladungen.

Einheit der Kapazität:
$[C] = 1$ C/V $= 1$ Farad (F).

Die einfachste Form eines Kondensators stellt der *Plattenkondensator* dar. Er besteht aus zwei parallelen Platten im Abstand d, zwischen denen die Spannung U liegt (Abb. 45). Zwischen der Ladung Q auf einer Platte mit der Fläche A und der Spannung U besteht der Zusammenhang

$$Q = \varepsilon_0 \frac{A}{d}\,U\,.$$

Hieraus folgt für die Kapazität des Plattenkondensators

$$\boxed{C = \varepsilon_0 \frac{A}{d}\,.}$$

Diese Beziehung gilt jedoch nur, wenn sich die Platten im Vakuum befinden, näherungsweise auch im luftgefüllten Raum. Bringt man zwischen die Platten einen Isolator (Dielektrikum), dann muß ε_0 durch die *Permittivität* $\varepsilon = \varepsilon_0\,\varepsilon_r$ ersetzt werden. Die *Permittivitätszahl* $\varepsilon_r > 1$ des betreffenden Stoffes (Kunststoffe, Keramik, Öle) ist eine reine Zahl.

Schaltung von Kondensatoren. Kondensatoren können durch Parallelschaltung oder Reihenschaltung zu größeren Einheiten zusammengestellt werden (Abb. 48).

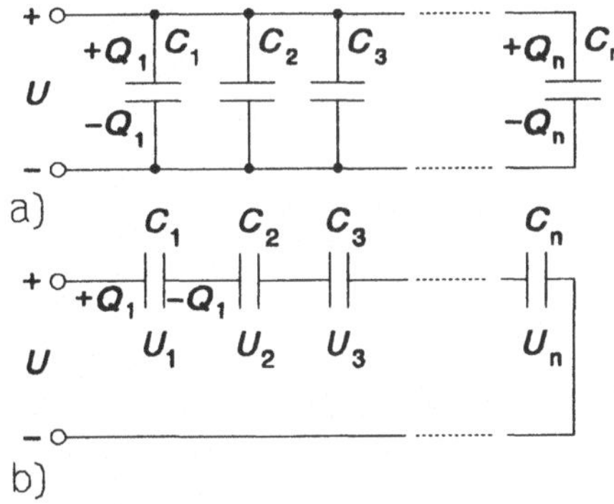

Abb. 48: Parallelschaltung (a) und Reihenschaltung (b) von Kondensatoren

Bei *Parallelschaltung* von n Kondensatoren ergibt sich die Gesamtladung durch Addition der Ladungen auf den einzelnen Kondensatoren:
$$Q = Q_1 + Q_2 + \dots + Q_n\,.$$
An allen Kondensatoren liegt die gleiche Spannung U. Somit folgt
$$C_{ges}\,U = C_1\,U + C_2\,U + \dots + C_n\,U$$
und

$$C_{ges} = C_1 + C_2 + \ldots + C_n = \sum_{i=1}^{n} C_n \,.$$

Die Gesamtkapazität ist gleich der Summe der Einzelkapazitäten.

Bei der *Reihenschaltung* von n Kondensatoren enthalten alle Kondensatoren die gleiche elektrische Ladung Q. Die Teilspannungen an den einzelnen Kondensatoren addieren sich zur gesamten angelegten Spannung

$$U = U_1 + U_2 + \ldots + U_n \,,$$

$$\frac{Q}{C_{ges}} = \frac{Q}{C_1} + \frac{Q}{C_2} + \ldots + \frac{Q}{C_n} \,.$$

Allgemein gilt

$$\frac{1}{C_{ges}} = \frac{1}{C_1} + \frac{1}{C_2} + \ldots + \frac{1}{C_n} = \sum_{i=1}^{n} \frac{1}{C_i} \,.$$

Die reziproke Gesamtkapazität ist gleich der Summe der reziproken Teilkapazitäten.

10.6 Ladungsträger im elektrischen Feld.

Auf Teilchen mit der Ladung Q wirkt im elektrischen Feld der Feldstärke E die Kraft $F = Q\,E$. Sie beschleunigt die Teilchen. Nach dem Newtonschen Aktionsprinzip ist $Q\,E = m\,a$, so daß für die Beschleunigung folgt

$$a = \frac{Q}{m}\,E \,.$$

Bei der Bewegung wächst die kinetische Energie der Teilchen auf Kosten ihrer potentiellen Energie. Die Gesamtenergie eines Teilchens, das sich im Feld an einem Punkt mit dem Potential φ befindet, ist

$$E_{ges} = \frac{1}{2}\,mv^2 + Q\varphi \,.$$

Bewegt sich das Teilchen vom Punkt 1 zum Punkt 2, so besagt der Energieerhaltungssatz

$$\frac{1}{2}m(v_2^2 - v_1^2) = Q(\varphi_1 - \varphi_2) = QU \,.$$

Die Zunahme der kinetischen Energie ist proportional der durchlaufenen Spannung.

Wenn die Anfangsgeschwindigkeit $v_1 = 0$ ist, dann ergibt sich die Endgeschwindigkeit $v_2 = v$ mit $E_{kin} = \frac{1}{2}\,mv^2 = QU$ zu

$$v = \sqrt{\frac{2QU}{m}} \,.$$

Auf diesen Beziehungen beruht die Definition der SI-fremden Energieeinheit *Elektronenvolt* (eV), die in der Atom- und Kernphysik Verwendung findet.

Durchläuft ein Elektron der Ladung $e = 1{,}6021\ 7733 \cdot 10^{-19}$ C *eine Potentialdifferenz von* $U = 1$ V *im Vakuum, so gewinnt es die Energie*

$$1\ \text{eV} = 1{,}6021\ 7733 \cdot 10^{-19}\ \text{J} \,.$$

Übertrifft die Teilchengeschwindigkeit v etwa 10 % der Lichtgeschwindigkeit im Vakuum c_0, dann muß man bei obigem Ansatz den relativistischen Massenzuwachs

$$m = \frac{m_0}{\sqrt{1 - \left(\dfrac{v}{c_0}\right)^2}} \qquad (m_0 \ \text{Ruhemasse})$$

berücksichtigen und für die kinetische Energie ebenfalls den relativistischen Ausdruck $E_{kin} = m\,c_0^2 - m_0\,c_0^2 = Q\,U$ schreiben.

11 Elektrischer Strom

11.1 Elektrische Stromstärke. Besteht zwischen den Enden eines elektrischen Leiters eine Potentialdifferenz, so herrscht in seinem Inneren ein elektrisches Feld der Stärke E. Auf freie Ladungsträger wird die Kraft $F = Q\,E$ ausgeübt, so daß sie sich bewegen.

Der gerichtete Ladungstransport heißt *elektrischer Strom.*

In metallischen Leitern bilden frei bewegliche Elektronen den elektrischen Strom, in Halbleitern Elektronen und Defektelektronen[1]. Dagegen sind in elektrolytischen Flüssigkeiten Ionen und in ionisierten Gasen Ionen und Elektronen am Ladungstransport beteiligt.

Zur Charakterisierung der Stärke eines Stromes dient die *elektrische Stromstärke I*. Sie ist definiert als das Verhältnis der elektrischen Ladung dQ, die im Zeitintervall dt durch den Leiterquerschnitt hindurchfließt, und dt:

$$I = \frac{dQ}{dt} \,.$$

Für den zeitlich konstanten Gleichstrom gilt vereinfacht $I = Q/t$.

Die Stromstärke I ist kein Vektor, sondern eine skalare Größe.

Abb. 49 zeigt das Symbol einer Spannungsquelle, durch die man eine Potentialdifferenz zwischen den Enden eines Leiters aufrechterhalten kann.

---

[1] Elektronenlücken verhalten sich im Halbleiterkristall wie freie Teilchen mit der elektrischen Ladung $+e$. Sie werden Defektelektronen oder Löcher genannt.

Als technische Stromrichtung außerhalb der Spannungsquelle wurde die Bewegungsrichtung positiver Ladungen vom Pluspol (+) zum Minuspol (-) festgelegt. Elektronen bewegen sich in entgegengesetzter Richtung. Elektrische Ströme fließen nur in geschlossenen Leiterkreisen.

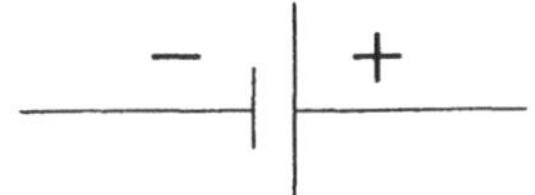

Abb. 49: Spannungsquelle

Die elektrische Stromstärke ist eine Basisgrößenart im SI.

Einheit der elektrischen Stromstärke:
$[I] = 1$ C/s $= 1$ Ampere (A).

Zwei parallele, von den Strömen I_1 und I_2 durchflossene Leiter der Länge l im Abstand r üben die Kraft

$$F = \frac{\mu_0}{2\pi}\,\frac{I_1\,I_2\,l}{r}$$

aufeinander aus. Die Größe
$$\mu_0 = 4\pi \cdot 10^{-7}\ \text{N/A}^2$$

heißt *magnetische Feldkonstante.* Auf dieser Kraftwirkung zwischen stromdurchflossenen Leitern beruht die Definition des Ampere:

Das Ampere ist die Stärke eines zeitlich unveränderlichen elektrischen Stromes durch zwei geradlinige, parallele, unendlich lange Leiter von vernachlässigbarem Querschnitt, die den Abstand 1 m haben und zwischen denen die durch den Strom hervorgerufene Kraft je 1 m Länge der Doppelleitung $2 \cdot 10^{-7}$ N beträgt.

Eine von der Stromstärke abgeleitete Vektorgröße ist die *elektrische Stromdichte J* (s. 11.2). Ihr Betrag ist definiert als Quotient aus der elektrischen Stromstärke I und dem zur Stromrichtung senkrechten Querschnitt A des Leiters:

$$J = \frac{I}{A} .$$

Elektrische Ströme sind mit thermischen, magnetischen, chemischen und optischen Wirkungen verbunden.

11.2 Elektrischer Widerstand.

Jeder Leiter setzt der Bewegung von Ladungsträgern einen *elektrischen Widerstand R* entgegen. Fließt unter der Wirkung einer Spannung U ein elektrischer Strom der Stromstärke I, so gilt bei konstanter Temperatur das *Ohmsche Gesetz* in der Form

$$U = R\,I .$$

Der Kehrwert des elektrischen Widerstandes heißt *elektrischer Leitwert G*:

$$G = \frac{1}{R} = \frac{I}{U} .$$

Einheiten von R und G:
$[R] - 1$ V/A $= 1$ Ohm (Ω)
$[G] = 1/\Omega = 1$ Siemens (S).

Der elektrische Widerstand ist proportional der Länge l und umgekehrt proportional dem Querschnitt A des Leiters:

$$R = \rho\,\frac{l}{A} .$$

Die vom Leitermaterial und von der Temperatur abhängige Proportionalitätskonstante ρ ist der *spezifische elektrische Widerstand*. Seinen Kehrwert nennt man *elektrische Leitfähigkeit* σ:

$$\sigma = \frac{1}{\rho} .$$

Einheiten von ρ und σ :
$[\rho] = 1\ \Omega$ m, $[\sigma] = 1$ S/m.

Das Ohmsche Gesetz $I = U/R$ kann auch in eine allgemeinere Form gebracht werden. Liegt an einem homogenen Leiter der Länge l und vom Querschnitt A die Spannung U, dann herrscht in ihm die elektrische Feldstärke $E = U/l$. Mit $R = \dfrac{1}{\sigma}\dfrac{l}{A}$ erhält man $\dfrac{I}{A} = J = \sigma E$. Diese Beziehung lautet in vektorieller Schreibweise

$$J = \sigma\,E .$$

Die elektrische Stromdichte ist der elektrischen Feldstärke proportional und wie diese eine Vektorgröße.

Der elektrische Widerstand der Stoffe ist von der Temperatur abhängig. Die relative Änderung des elektrischen Widerstandes $\Delta R/R$ oder des spezifischen elektrischen Widerstandes $\Delta\rho/\rho$ bezogen auf die Temperaturänderung ΔT wird Temperaturkoeffizient α genannt:

$$\alpha = \frac{\Delta R}{R\,\Delta T} = \frac{\Delta \rho}{\rho\,\Delta T} \ .$$

Der Temperaturkoeffizient ist bei Metallen positiv, bei Halbleitern stark negativ.

11.3 Stromverzweigung. Um in einem Leiter einen elektrischen Strom aufrecht zu erhalten, ist eine Spannungsquelle erforderlich. Dabei muß zwischen zwei elektrischen Spannungen unterschieden werden. Wenn der Stromkreis nicht geschlossen ist, liegt zwischen den Polen der Spannungsquelle die *Quellenspannung* U_q (auch Urspannung genannt). Bei geschlossenem Stromkreis muß der elektrische Strom auch durch die Spannungsquelle mit dem Innenwiderstand R_i selbst fließen. Auf Grund des inneren Spannungsabfalls $U_i = R_i\,I$ steht nur noch die kleinere *Klemmenspannung* U_k zur Verfügung:

$$U_k = U_q - U_i = U_q - R_i\,I \ .$$

Für einen geschlossenen Stromkreis mit dem äußeren Verbraucherwiderstand R_a gelten die Beziehungen

$$I = \frac{U_q}{R_i + R_a} \quad \text{und} \quad U_k = \frac{U_q R_a}{R_i + R_a} \ .$$

Beliebige Netzwerke sind aus geschlossenen Leiterschleifen (*Maschen*) aufgebaut, die Widerstände und Quellenspannungen enthalten können. An Verzweigungspunkten (*Knoten*) verteilt sich der elektrische Strom auf die einzelnen Zweige des Systems. Die Berechnung der elektrischen Stromstärken und Spannungen in Netzwerken erfolgt mit Hilfe der beiden *Kirchhoffschen Gesetze*.

Der Erhaltungssatz für die elektrische Ladung bildet die Grundlage des *ersten Kirchhoffschen Gesetzes* oder der *Knotenregel*.

Die Summe der einem Stromverzweigungspunkt zufließenden Ströme muß gleich der Summe der wegfließenden Ströme sein (Abb. 50). Werden die zufließenden Ströme mit positiven und die abfließenden mit negativen Vorzeichen versehen, dann ist die Summe aller Teilstromstärken Null:

$$\sum_{k=1}^{n} I_k = 0 \ .$$

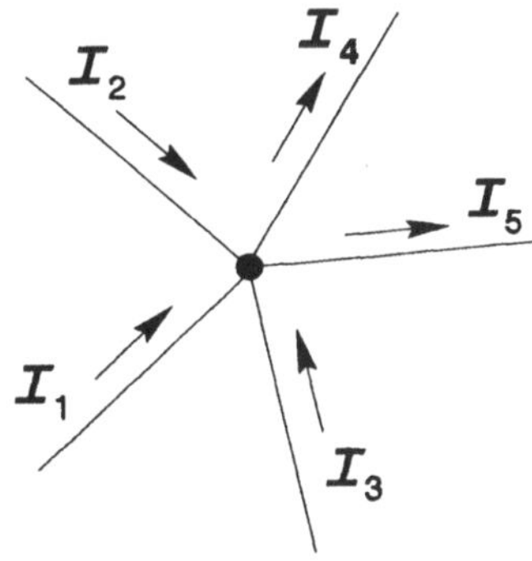

Abb. 50: Zur Knotenregel
($I_1 + I_2 + I_3 = I_4 + I_5$)

Für jede Masche eines Netzwerkes gilt auf Grund des Energieerhaltungssatzes das *zweite Kirchhoffsche Gesetz* oder die *Maschenregel*.

Die Summe aller Quellenspannungen U_{qi} ist gleich der Summe aller Spannungsabfälle $R_j\,I_j$:

$$\sum_{i=1}^{m} U_{qi} = \sum_{j=1}^{n} R_j\,I_j \ .$$

Bei der Anwendung der Maschenregel ist eine spezielle Vorzeichenfestlegung zu beachten. In der Masche werden beliebige Richtungen für jeden Strom und ein beliebiger Umlaufsinn gewählt. Die Spannungsabfälle erhalten ein positives Vorzeichen, wenn die Stromrichtung mit dem Umlaufsinn übereinstimmt, anderenfalls ein negatives Vorzeichen. Die Quellenspannungen sind positiv, wenn sie im Umlaufsinn von - nach + durchlaufen werden, im umgekehrten Fall sind sie negativ zu zählen (Abb. 51).

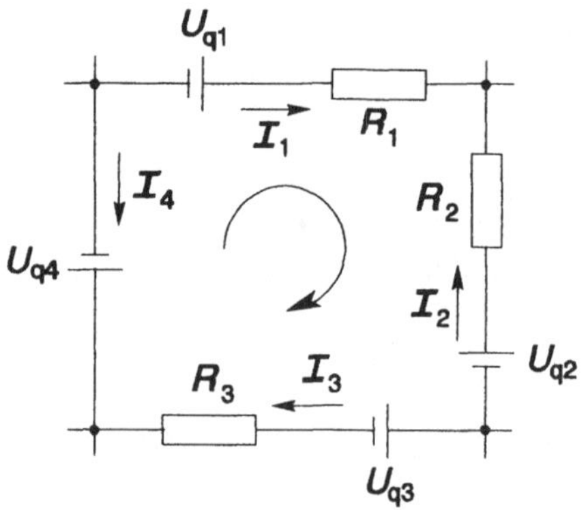

Abb. 51: Zur Maschenregel
($U_{q1} - U_{q2} - U_{q3} - U_{q4} = I_1 R_1 - I_2 R_2 + I_3 R_3$)

Schaltungen von Widerständen. Beliebige Widerstandswerte lassen sich durch Reihenschaltung und Parallelschaltung mehrerer Einzelwiderstände erzielen (Abb. 52).

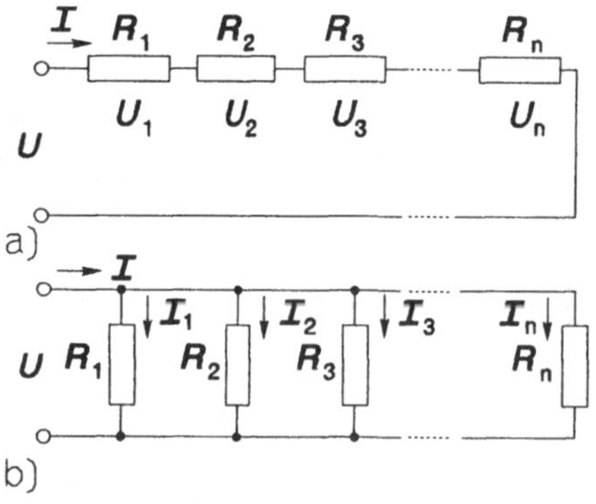

Abb. 52: Reihenschaltung (a) und Parallelschaltung (b) von Widerständen

Bei der *Reihenschaltung* von n Widerständen wird jeder Einzelwiderstand von dem gleichen Strom der Stromstärke I durchflossen. Mit Hilfe der Maschenregel erhält man

$$U = U_1 + U_2 + \dots + U_n,$$
$$IR_{ges} = I(R_1 + R_2 + \dots + R_n) \text{ und}$$

$$R_{ges} = R_1 + R_2 + \dots + R_n = \sum_{i=1}^{n} R_i .$$

Der Gesamtwiderstand ist gleich der Summe der Einzelwiderstände.

Bei *Parallelschaltung* von n Widerständen liegt an jedem Einzelwiderstand die gleiche elektrische Spannung U. Mit der Knotenregel ergibt sich

$$I = I_1 + I_2 + \dots + I_n,$$
$$\frac{U}{R_{ges}} = U\left(\frac{1}{R_1} + \frac{1}{R_2} + \dots + \frac{1}{R_n}\right) \text{ und}$$

$$\frac{1}{R_{ges}} = \frac{1}{R_1} + \frac{1}{R_2} + \dots + \frac{1}{R_n} = \sum_{i=1}^{n} \frac{1}{R_i} .$$

Der reziproke Gesamtwiderstand ist gleich der Summe der reziproken Einzelwiderstände.
Widerstandsmessung. Zur Messung von Widerständen dient die *Wheatstonesche Brückenschaltung* (Abb. 53).

In den vier Zweigen sind der unbekannte Widerstand R_x und die bekannten Widerstände R_1, R_2, R_3 angeordnet. An den Knoten A und B liegt eine Spannungsquelle, zwischen C und D ein empfindlicher Strommesser (Galvanometer G). Durch geeignete Wahl der Widerstandswerte R_1, R_2 und R_3 kann man erreichen, daß die elektrischen Potentiale der Punkte C und D gleich werden ($U_{CD} = 0$), so daß das in der Brücke befindliche Meßgerät Stromlosigkeit anzeigt (Brückenabgleich). In diesem Fall besagt die Maschenregel $R_x I_1 = R_2 I_2$ und $R_1 I_1 = R_3 I_2$.
Division beider Ausdrücke ergibt

$$R_x = R_1 \frac{R_2}{R_3} .$$

Die Brücke wird abgeglichen, indem man entweder R_1 oder das Widerstandsverhältnis R_2/R_3 regelt.

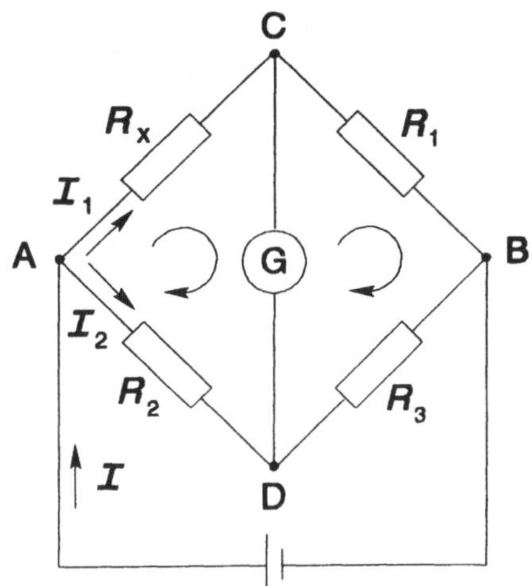

Abb. 53: Wheatstonesche Brückenschaltung

11.4 Elektrische Arbeit und Leistung.

Fließt in einem Leiter durch Anlegen der Spannung U ein Gleichstrom der Stärke I, dann wird in der Zeit t die Ladung $Q = I\,t$ transportiert und vom elektrischen Feld die Arbeit

$$W = Q\,U = I\,U\,t$$

verrichtet. In einem Widerstand wandelt sich die zugeführte elektrische Arbeit in Wärme um (*Joulesche Wärme*).

Der Quotient aus elektrischer Arbeit und Zeit heißt elektrische Leistung. Mit Hilfe des Ohmschen Gesetzes ergibt sich

$$P = I\,U = \frac{U^2}{R} = I^2\,R \ .$$

Die SI-Einheit der elektrischen Leistung, das Watt (W), ist mit der Einheit der mechanischen Leistung identisch (1 W = 1 J/s = 1 V A).

11.5 Magnetfelder stromdurchflossener Leiter.

Ruhende elektrische Ladungen sind die Quellen elektrostatischer Felder. Bewegte elektrische Ladungen erzeugen Magnetfelder. Stromdurchflossene Leiter sind daher stets von Magnetfeldern umgeben. Magnetnadeln (Kompaß) werden in ihrer Nähe abgelenkt (*Oerstedscher Versuch*). Gleichströme, die örtlich und zeitlich konstant sind, bewirken stationäre Magnetfelder.

Die magnetischen Feldlinien um einen einzelnen geradlinigen stromdurchflossenen Leiter sind konzentrische Kreise mit dem Leiter als Achse. Ihr Richtungssinn ergibt sich aus der Stromrichtung mit Hilfe der *Rechtsschraubenregel* (s. 6.1) oder der gleichwertigen *Rechte-Hand-Regel* (Abb. 54):

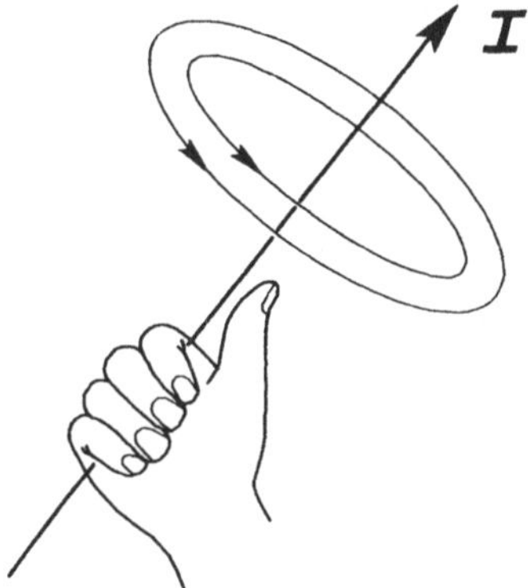

Abb. 54: Rechte-Hand-Regel

Weist der Daumen der rechten Hand in Stromrichtung, dann zeigen die gekrümmten Finger in Richtung der Feldlinien.

Im Gegensatz zu den elektrostatischen Feldern, deren Feldlinien Anfang und Ende haben, sind die Feldlinien magnetischer Felder geschlossene Kurven. Das stationäre magnetische Feld elektrischer Ströme ist ein *quellenfreies Wirbelfeld*.

Das magnetische Feld wird wie das elektrische Feld durch eine vektorielle Größe beschrieben. Die Feldlinien stimmen mit der Richtung der *magnetischen Feldstärke* **H** überein.

Die magnetische Feldstärke in der Umgebung beliebiger stromdurchflossener Leiter läßt sich mit Hilfe des *Durchflutungsgesetzes* berechnen. Es beschreibt den Zusammenhang zwischen elektrischer Stromstärke und magnetischer Feldstärke:

$$\oint H \; ds = \sum_{i=1}^{n} I_i \; .$$

*Das Linienintegral der magnetischen Feldstärke **H** längs eines geschlossenen Weges ist gleich der Gesamtstromstärke der elektrischen Ströme, welche die umschlossene Fläche durchsetzen.*

Umschließt der Integrationsweg mehrere Ströme, dann sind bei der Summation die Vorzeichen der elektrischen Stromstärken entsprechend der Rechten-Hand-Regel und dem gewählten Umlaufsinn zu beachten (Abb. 55).

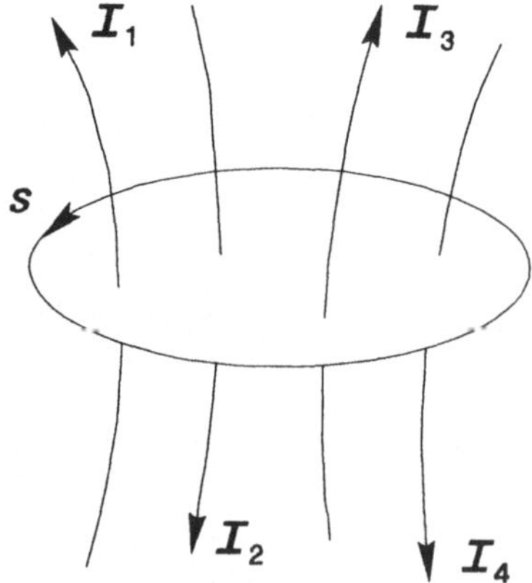

Abb. 55: Zum Durchflutungsgesetz
($\oint H \; ds = I_1 - I_2 + I_3 - I_4$)

Aus dem Durchflutungsgesetz folgt für die *Einheit der magnetischen Feldstärke*:
$[H] = 1$ A/m.

Magnetfelder spezieller stromdurchflossener Leiter.
Gerader Leiter. Als Integrationsweg wird ein konzentrischer Kreis vom Radius r um den Leiter gewählt (Abb. 56). Aus Symmetriegründen ist der Betrag der magnetischen Feldstärke H im Abstand r überall gleich. Mit $ds = r \; d\varphi$ ergibt das Durchflutungsgesetz

$$\oint H \; ds = H \int_{0}^{2\pi} r \; d\varphi = I \; .$$

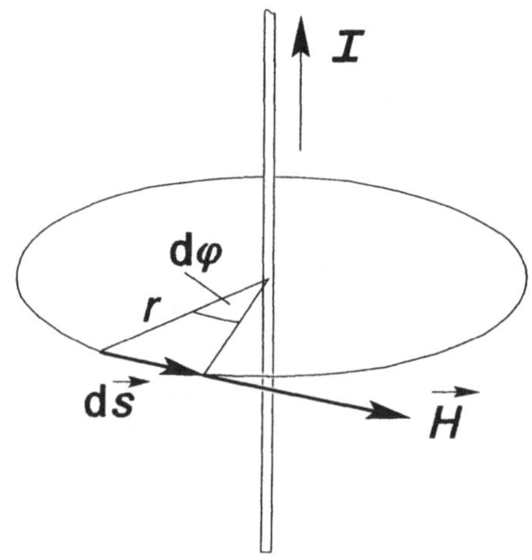

Abb. 56: Zur magnetischen Feldstärke eines geraden, stromdurchflossenen Leiters

Somit folgt

$$H = \frac{I}{2 \, \pi \, r} \; .$$

Die magnetische Feldstärke außerhalb eines geraden, stromdurchflossenen Leiters ist der elektrischen Stromstärke proportional und nimmt mit zunehmender Entfernung umgekehrt proportional zum Abstand von der Leiterachse ab.

Zylinderspule (Solenoid). Bei einer langen Zylinderspule ($l \gg r$) mit der Windungszahl N ist das magnetische Feld im Inneren homogen (Abb. 57). Die magnetische Feldstärke hat an allen Stellen den gleichen Wert (H_i = const). Im Außenraum kann die magnetische Feldstärke praktisch vernachlässigt werden ($H_a \approx 0$). Bei der Integration längs eines geschlossenen Weges werden N Windungen mit der Stromstärke I umschlossen, und das Durchflutungsgesetz ergibt

$$\oint H \, ds = \int H_i \, ds_i + \int H_a \, ds_a = N \, I \, .$$

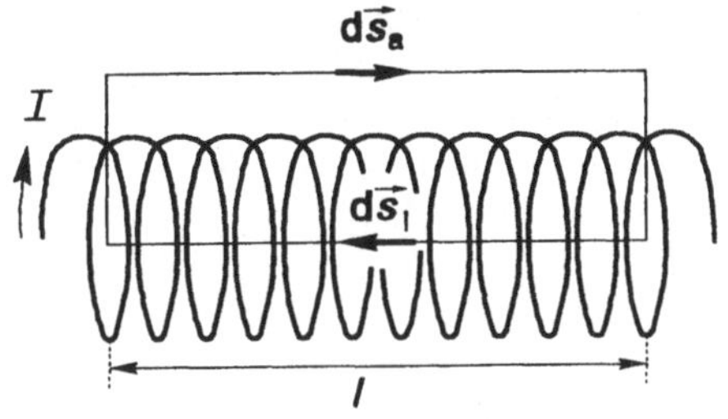

Abb. 57: Zur magnetischen Feldstärke einer stromdurchflossenen Zylinderspule

Der Anteil außerhalb der Spule liefert keinen Beitrag zum Integral, so daß mit $H_i = H$ folgt

$$\oint H \, ds = \int_0^l H \, ds = H \, l = N \, I \, .$$

Für die magnetische Feldstärke im Inneren einer langen Zylinderspule gilt daher

$$H = \frac{N \, I}{l} \, .$$

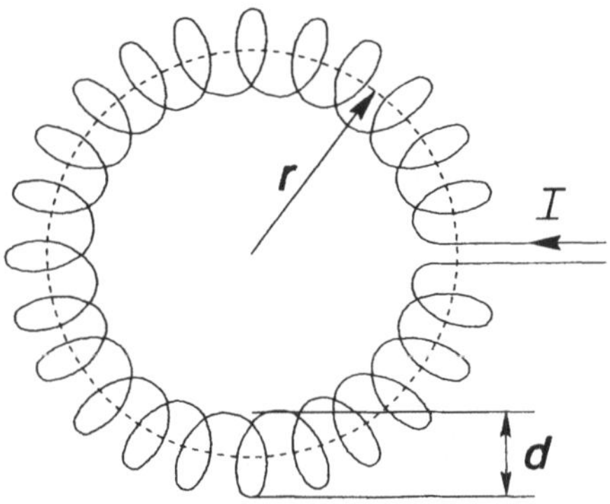

Abb. 58: Zur magnetischen Feldstärke einer stromdurchflossenen Ringspule

Ringspule (Toroid). Bei einer Ringspule mit N Windungen vom Radius r ($r \gg d/2$) herrscht im Inneren ein nahezu homogenes Magnetfeld (Abb. 58). Führt

man die Integration entlang einer Feldlinie in der Mitte der Toruswindung aus, dann wird der Strom N-mal umfaßt, und mit $ds = r \, d\varphi$ lautet das Durchflutungsgesetz

$$\oint H \, ds = H \int_0^{2\pi} r \, d\varphi = N \, I \, .$$

Damit ergibt sich die magnetische Feldstärke im Spuleninneren zu

$$H = \frac{N \, I}{2\pi \, r} \, .$$

11.6 Kräfte im Magnetfeld. *Magnetische Flußdichte.*

Magnetische Felder können durch eine zweite Feldgröße, die *magnetische Flußdichte B*, beschrieben werden. Sie ist wie die magnetische Feldstärke H ein Vektor. Im Vakuum sind H und B gleichgerichtet und einander streng proportional. Es gilt die Beziehung

$$B = \mu_0 \, H \, .$$

Einheit der magnetischen Flußdichte (s.12.1): $[B] = 1 \text{ V s/m}^2 = 1 \text{ Wb/m}^2 = 1 \text{ Tesla (T)}.$

Wenn sich Stoffe im Magnetfeld befinden, ist die magnetische Flußdichte durch die modifizierte Gleichung

$$B = \mu \, H = \mu_0 \, \mu_r \, H$$

gegeben. Hierin sind μ die *Permeabilität* und μ_r die *Permeabilitätszahl* des Stoffes. Mit Ausnahme der Ferromagnetika (Eisen, Nickel, Kobalt) kann für die meisten Materialien $\mu_r \approx 1$ gesetzt werden.

Kraft auf stromdurchflossene Leiter. Magnetische Felder üben auf stromdurchflossene Leiter Kräfte aus. Schließt die Richtung des Leiters l mit der magnetischen Flußdichte B eines homogenen Feldes den Winkel α ein, dann ist die wirkende Kraft durch die Beziehungen

$$F = I\,(l \times B),$$
$$F = I\,l\,B\,\sin \alpha$$

gegeben. Diese Kraft steht immer senkrecht auf der von den Vektoren l und B aufgespannten Ebene, wobei l, B und F in dieser Reihenfolge ein Rechtssystem (s. 6.2) bilden (Abb. 59). Auf den Kräften, die stromdurchflossene Leiter in Magnetfeldern erfahren, beruht der *Elektromotor*.

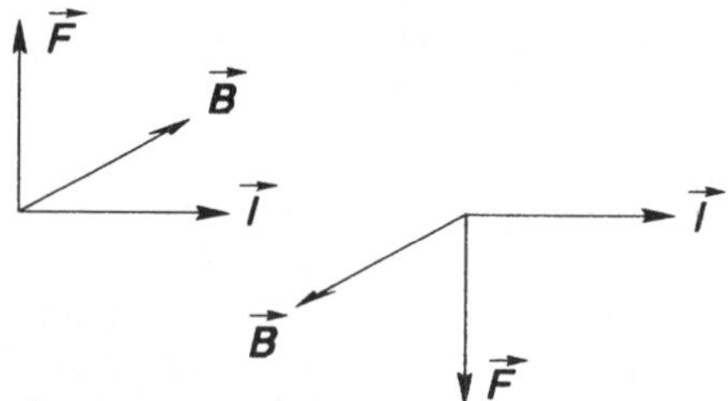

Abb. 59: Magnetische Kraft auf stromdurchflossene Leiter

Kraft auf bewegte Ladungsträger. Dem elektrischen Strom I in einem Leiter der Länge l entspricht die Bewegung einer elektrischen Ladung Q mit der Geschwindigkeit v. Es gilt $I\,l = Q\,v$. Auf bewegte Ladungsträger wirkt daher im Magnetfeld die ablenkende Kraft

$$F = Q\,(v \times B),$$
$$F = Q\,v\,B\,\sin \alpha\,.$$

Darin ist α der Winkel zwischen Geschwindigkeit und magnetischer Flußdichte. Diese magnetische Kraft auf bewegte Ladungsträger wird *Lorentzkraft* genannt. Ihre Richtung ist senkrecht zu v und B. Sie ändert nur die Richtung, nicht den Betrag der Teilchengeschwindigkeit. Nach den Definitionen von Arbeit und Skalarprodukt ist

$$W = \int F\,ds = \int F\,v\,dt = 0\,.$$

Das magnetische Feld verrichtet im Gegensatz zum elektrischen Feld keine Arbeit am Ladungsträger.

Bei der Bestimmung der Kraftrichtung ist zu beachten, daß die Stromrichtung mit der Geschwindigkeit einer positiven Ladung zusammenfällt und entgegen der Bewegung einer negativen Ladung zeigt. Die Vektoren v, B und F bilden daher in dieser Reihenfolge bei positiven Ladungsträgern ein Rechtssystem und bei negativen Ladungsträgern ein Linkssystem (Abb. 60).

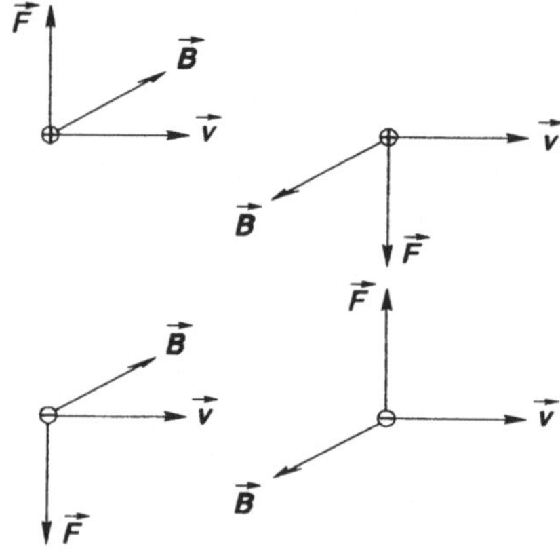

Abb. 60: Magnetische Kraft auf bewegte Ladungsträger

Die Lorentzkraft findet Anwendung in den Kreisbeschleunigern der Kernphysik und im Massenspektrometer. Geladene Teilchen der Masse m werden mit der Geschwindigkeit v senkrecht zu den Feldlinien in ein homogenes Magnetfeld eingeschossen (sin $\alpha = 1$). Die Lorentzkraft wirkt als Radialkraft:

$$Q\,v\,B = \frac{m\,v^2}{r} = m\,\omega^2\,r\,.$$

Die Teilchen bewegen sich mit konstanter Winkelgeschwindigkeit auf einer Kreisbahn. Kreisbahnradius und Winkelgeschwindigkeit der Kreisbewegung ergeben sich zu $r = \dfrac{m\,v}{Q\,B}$ und $\omega = \dfrac{Q}{m}\,B\,.$

12 Elektromagnetische Induktion

12.1 Induktionsgesetz. *Magnetischer Fluß*.

Das Produkt aus der magnetischen Flußdichte B eines homogenen Feldes und der von ihr senkrecht durchsetzten Fläche A ergibt eine weitere Feldgröße, den *magnetischen Fluß*:

$$\phi = B\,A\,.$$

Er ist als Bündel von Feldlinien aufzufassen, die durch A hindurchtreten.

Einheit des magnetischen Flusses:
$[\phi] = 1 \text{ V s} = 1 \text{ Weber (Wb)}.$

Durchsetzen die Feldlinien A nicht senkrecht, so ist mit dem Kosinus des Winkels α zwischen B und der Flächennormalen e_n zu multiplizieren (Abb. 61):
$$\phi = B\,A \cos\alpha = \boldsymbol{B}\,\boldsymbol{A}\,.$$
Hierin ist $\boldsymbol{A}$ als *Flächenvektor* vom Betrag A und der Richtung der Flächennormalen aufzufassen.

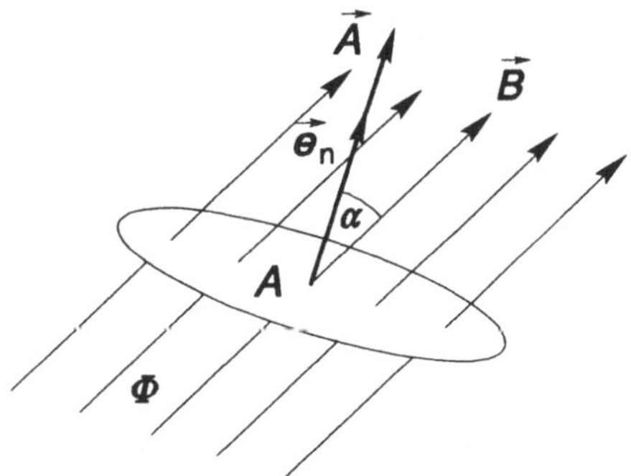

Abb. 61: Zur Definition des magnetischen Flusses

Im inhomogenen Magnetfeld wird eine beliebig orientierte Fläche A in differentielle Flächenelemente dA zerlegt und der magnetische Fluß durch Integration ermittelt:

$$\phi = \int_A B\,\mathrm{d}A = \int_A B\cos\alpha\,\mathrm{d}A\,.$$

Faradaysches Induktionsgesetz. Bewegte elektrische Ladungen (elektrische Ströme) erzeugen Magnetfelder (s. 11.5). Die Umkehrung dieser Erscheinung heißt elektromagnetische Induktion.

Zeitlich veränderliche Magnetfelder induzieren in Leitern elektrische Spannungen, die elektrische Ströme zur Folge haben.

Die in einer Leiterschleife mit N Windungen induzierte Spannung ist von der zeitlichen Änderung des durch sie hindurchgreifenden magnetischen Flusses abhängig und dieser proportional:

$$U_{\mathrm{ind}} = -N\,\frac{\mathrm{d}\phi}{\mathrm{d}t}\,.$$

Es ist dabei völlig gleichgültig, auf welche Weise die Änderung von ϕ zustande kommt. Der Leiter kann sich im Magnetfeld oder ein Magnet relativ zum Leiter bewegen. Eine andere Möglichkeit ist die Änderung der magnetischen Flußdichte am Ort der Leiterschleife durch zeitliche Änderung des elektrischen Stromes in einer Spule, der das Magnetfeld erzeugt.

Ersetzt man ϕ durch die magnetische Flußdichte B, so nimmt das Induktionsgesetz folgende Gestalt an

$$U_{\mathrm{ind}} = -N\,\frac{\mathrm{d}}{\mathrm{d}t}\int_A B\,\mathrm{d}A\,.$$

Durch Integration des Ausdruckes
$U_{\mathrm{ind}}\,\mathrm{d}t = -N\,\mathrm{d}\phi$ ergibt sich schließlich eine weitere Form des Induktionsgesetzes:

$$\int_{t_1}^{t_2} U_{\text{ind}}\, dt = -N \int_{\phi_1}^{\phi_2} d\phi = -N(\phi_2 - \phi_1) \; .$$

In Analogie zum Begriff des Kraftstoßes (s. 5.1) wird das Zeitintegral der induzierten Spannung als *Spannungsstoß* bezeichnet. In Worten läßt sich das Induktionsgesetz daher auch folgendermaßen ausdrücken:

Der Spannungsstoß in einer Leiterschleife ist gleich dem Produkt aus der Windungszahl und der gesamten Änderung des magnetischen Flusses.

Auf dem Faradayschen Induktionsgesetz beruhen bedeutende elektrotechnische Anwendungen. Es bildet insbesondere die Grundlage für *Generatoren* zur Spannungserzeugung und *Transformatoren* zur Erhöhung oder Erniedrigung elektrischer Spannungen bei Wechselströmen.

Lenzsche Regel. Das negative Vorzeichen im Induktionsgesetz läßt sich mit Hilfe der Lenzschen Regel begründen.

Induzierte Ströme sind stets so gerichtet, daß sie die Ursache der Induktion hemmen.

Diese Gesetzmäßigkeit ist eine Folge des Energieerhaltungssatzes. Es ist demnach unmöglich, ein Perpetuum mobile mit der Eigenschaft zu konstruieren, daß ohne Arbeitsaufwand durch die induzierte Spannung ein Induktionsstrom fließt, der das Magnetfeld verstärkt, um weitere Spannung zu induzieren.

12.2   Selbstinduktion. Fließt ein zeitlich veränderlicher Strom durch eine Spule, dann erzeugt jede Spulenwindung ein zeitlich veränderliches Magnetfeld, das alle Windungen durchsetzt. Nach dem Induktionsgesetz wird in jeder Windung eine Spannung induziert. Diese Erscheinung

heißt *Selbstinduktion*, weil sie in der felderzeugenden Spule selbst auftritt. Für eine langgestreckte Zylinderspule läßt sich die Induktionsspannung einfach berechnen. Die magnetische Feldstärke im Inneren einer Spule mit der Windungszahl N ist gegeben durch

$$H = \frac{N}{l}\, I \; ,$$

so daß dort die magnetische Flußdichte

$$B = \mu_0 \, H = \mu_0 \, \frac{N}{l}\, I$$

herrscht. Eine Spulenwindung wird somit von dem magnetischen Fluß

$$\phi = BA = \mu_0 \, \frac{N\,A}{l}\, I$$

durchsetzt. Mit Hilfe des Induktionsgesetzes ergibt sich die in der Spule durch Selbstinduktion entstehende Spannung zu

$$U_{\text{ind}} = -N\, \frac{d\phi}{dt} = -\mu_0 \, \frac{N^2\, A}{l}\, \frac{dI}{dt} \; .$$

Der konstante Faktor

$$L = \mu_0 \, \frac{N^2\, A}{l}$$

hängt nur von der Geometrie ab und heißt *Induktivität* der Spule. Somit ergibt sich das Gesetz der Selbstinduktion

$$U_{\text{ind}} = -L\, \frac{dI}{dt} \; .$$

Einheit der Induktivität:
$[L] = 1 \text{ V s/A} = 1 \text{ Wb/A} = 1 \text{ Henry (H)}.$

Ändert sich in einer Spule 1 (Primärspule) die Stromstärke, so wird in der benachbarten Spule 2 (Sekundärspule) die Spannung

$$U_2 = -L_{12}\, \frac{dI_1}{dt}$$

induziert. Dieser Vorgang heißt *Gegeninduktion*. Die Gegeninduktivität L_{12} ist von der Geometrie beider Spulen abhängig.

12.3 Wechselstrom. *Erzeugung*.

In einem homogenen Magnetfeld der Flußdichte B ist eine aus N Windungen bestehende Spule drehbar gelagert (Abb. 62). Durch die von der Spule umfaßte Fläche A greift der magnetische Fluß

$$\phi = A\,B = A\,B\,\cos\alpha .$$

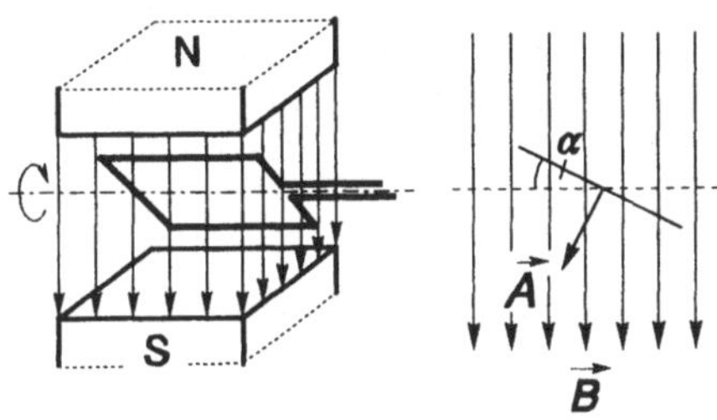

Abb. 62: Prinzip des Wechselstromgenerators

Rotiert die Spule mit konstanter Winkelgeschwindigkeit $\omega = \alpha/t$, dann ist der magnetische Fluß, der die Spule durchsetzt, eine Funktion der Zeit:

$$\phi(t) = A\,B\,\cos\omega t = \phi_m\,\cos\omega t .$$

Für $\alpha = 0°$ erreicht der magnetische Fluß seinen Maximalwert ϕ_m. Nach dem Induktionsgesetz entsteht an den Enden der Spule die Wechselspannung

$$U(t) = -N\,\frac{\mathrm{d}\phi}{\mathrm{d}t} = N\,A\,B\,\omega\,\sin\omega t .$$

Hierfür kann man schreiben

$$\boxed{U(t) = U_m\,\sin\omega t .}$$

Die Spannung erzeugt in einem Widerstand den Wechselstrom

$$\boxed{I(t) = I_m\,\sin\omega t .}$$

Induzierte Spannung und Stromstärke ändern sich sinusförmig mit der Zeit[1].

Bezeichnung der wichtigsten Größen:

$U(t), I(t)$ — Momentanwerte der elektrischen Spannung und Stromstärke,

U_m, I_m — Scheitelwerte der elektrischen Spannung und Stromstärke,

$\omega = 2\,\pi\,f$ — Kreisfrequenz,

$f = \dfrac{1}{T}$ — Frequenz,

T — Periodendauer.

Technischer Wechselstrom hat in Europa eine Frequenz von $f = 50$ Hz.

Effektivwerte. Der zeitliche Mittelwert der Wechselspannung oder Stromstärke eines Wechselstromes über eine volle Periode ergibt den Wert Null, weil sich unter der Sinuskurve gleich große positive und negative Flächenanteile befinden. Man führt daher quadratische Mittelwerte ein. Für sinusförmigen Wechselstrom gilt

$$U_{eff}^2 = \frac{1}{T}\int_0^T U^2(t)\,\mathrm{d}t = \frac{U_m^2}{2} ,$$

$$I_{eff}^2 = \frac{1}{T}\int_0^T I^2(t)\,\mathrm{d}t = \frac{I_m^2}{2} .$$

---

[1] In der Elektrotechnik ist es üblich, zeitlich veränderliche Größen mit Kleinbuchstaben zu bezeichnen: $U(t) = u$ und $I(t) = i$.

Die Größen

$$U_{\text{eff}} = \frac{U_{\text{m}}}{\sqrt{2}} = 0{,}707\ U_{\text{m}}\ \text{und}$$

$$I_{\text{eff}} = \frac{I_{\text{m}}}{\sqrt{2}} = 0{,}707\ I_{\text{m}}$$

werden *Effektivspannung* und *effektive Stromstärke* genannt. Alle von der Stromrichtung unabhängigen Meßinstrumente zeigen diese Effektivwerte an. Bei einer Wechselspannung von $U_{\text{eff}} = 220\ \text{V}$ beträgt die Scheitelspannung $U_{\text{m}} = U_{\text{eff}}\sqrt{2} = 311\ \text{V}$.

Leistung des Wechselstromes. Fließt ein Wechselstrom durch einen rein ohmschen Widerstand R, dann ist die elektrische Leistung zu jedem Zeitpunkt durch das Produkt aus den Momentanwerten von Stromstärke und Spannung gegeben. Durch Integration über eine Periode erhält man den zeitlichen Mittelwert, die *Wirkleistung*:

$$P = \frac{1}{T} \int_0^T I(t)\ U(t)\ \mathrm{d}t$$

$$= \frac{I_{\text{m}}\ U_{\text{m}}}{T} \int_0^T \sin^2 \omega t\ \mathrm{d}t = \frac{I_{\text{m}}\ U_{\text{m}}}{2}\ .$$

Damit folgen unter Berücksichtigung der Effektivwerte formal die gleichen Beziehungen wie für die elektrische Leistung eines Gleichstromes (s. 11.4):

$$\boxed{P = I_{\text{eff}}\ U_{\text{eff}} = \frac{U_{\text{eff}}^2}{R} = I_{\text{eff}}^2\ R\ .}$$

Enthält ein Wechselstromkreis zusätzlich Kondensatoren und Spulen, so tritt eine Phasenverschiebung φ zwischen Strom und Spannung auf. Die Wirkleistung ist dann

$$P = I_{\text{eff}}\ U_{\text{eff}} \cos \varphi\ .$$

Der Faktor $\cos \varphi$ heißt *Leistungsfaktor.*

Optik

13 Geometrische Optik

13.1 Fermatsches Prinzip. Licht ist eine elektromagnetische Wellenerscheinung. Mit dem Auge ist nur ein schmaler Wellenlängenbereich zwischen 380 und 780 nm wahrnehmbar. Es breitet sich im Vakuum mit der Geschwindigkeit

$$c_0 = \frac{1}{\sqrt{\varepsilon_0\,\mu_0}} = 2{,}99792458 \cdot 10^8 \text{ m/s}$$

aus. Im stofferfüllten Raum ist die Lichtgeschwindigkeit kleiner als im Vakuum. Es gilt die Beziehung

$$c = \frac{c_0}{\sqrt{\varepsilon_r\,\mu_r}} = \frac{c_0}{n} < c_0 \, .$$

Die Größe n wird *Brechzahl* des Ausbreitungsmediums genannt (s. 13.3). Das Produkt aus Brechzahl n und geometrischer Weglänge s heißt *optische Weglänge*:

$$L = n\,s \, .$$

Gleiche optische Weglängen werden vom Licht in gleichen Zeiten zurückgelegt.

Wenn die Abmessungen der Objekte, mit denen das Licht in Wechselwirkung tritt, groß gegenüber der Wellenlänge sind, kann man den Wellencharakter vernachlässigen. Die geometrische Optik beschreibt vereinfacht den Strahlenverlauf. Unter *Lichtstrahlen* hat man die Normalen auf den Wellenflächen zu verstehen (s. 7.4). Längs dieser Bahnen pflanzt sich die Lichtenergie im Raum fort.

Alle Gesetze der geometrischen Optik lassen sich auf das *Fermatsche Prinzip* zurückführen. Es besagt:
Licht wählt zwischen zwei Punkten unter allen möglichen Wegen den Weg, bei dem

die optische Weglänge ein Extremum (meist ein Minimum) ist:

$$L = \sum_i n_i\,s_i = Extremum \, .$$

Unter Beachtung der Beziehung $n\,s = c_0\,t$ besagt eine gleichwertige Formulierung:
Licht wählt zwischen zwei Punkten den Weg, der ein Extremum an Zeit erfordert.
Aus dem Fermatschen Prinzip ergeben sich grundlegende Sätze der geometrischen Optik.
In homogenen Medien sind die Lichtstrahlen gerade Linien.
Der Verlauf der Lichtstrahlen ist umkehrbar.
Verschiedene Lichtstrahlen beeinflussen sich nicht.
An der Grenzfläche zwischen zwei Stoffen wird das Licht reflektiert und gebrochen.

13.2 Reflexion des Lichtes. Fällt Lichtstrahlung auf die Grenzfläche zweier Stoffe, so wird ein mehr oder weniger großer Anteil reflektiert. Der restliche Teil dringt in das zweite Medium ein. Die Flächennormale durch den Auftreffpunkt O ist das *Einfallslot*. Nach Abb. 63 ergibt sich die optische Weglänge von P_1 über O nach P_2 zu $L = n_1(s_1 + s_2)$.

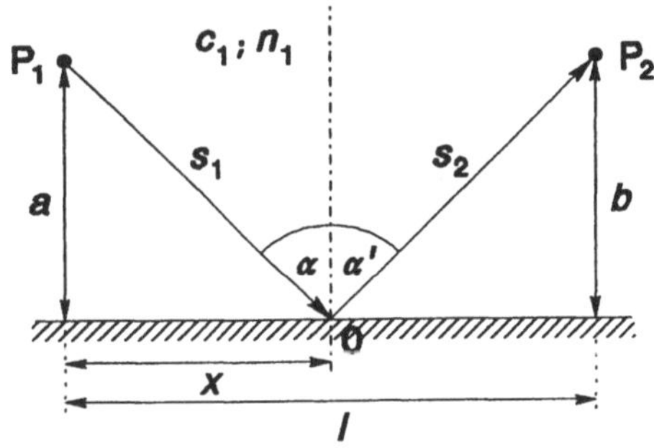

Abb. 63: Zum Reflexionsgesetz

Mit Hilfe des Satzes von Pythagoras kann man schreiben:

$$L = n_1 \left(\sqrt{a^2 + x^2} + \sqrt{b^2 + (l-x)^2} \right).$$

Da die optische Weglänge nach dem Fermatschen Prinzip ein Extremum (Minimum) sein soll, wird die erste Ableitung der Funktion $L(x)$ nach x gleich Null gesetzt:

$$\frac{dL}{dx} = n_1 \left(\frac{x}{\sqrt{a^2 + x^2}} - \frac{l-x}{\sqrt{b^2 + (l-x)^2}} \right) = 0.$$

Mit $x / \sqrt{a^2 + x^2} = \sin \alpha$ und

$(l-x) / \sqrt{b^2 + (l-x)^2} = \sin \alpha'$ folgt

$n_1 \sin \alpha = n_1 \sin \alpha'$ und damit $\alpha = \alpha'$.
In Worten besagt das *Reflexionsgesetz* demzufolge:

Einfallswinkel α und Reflexionswinkel α' sind gleich. Einfallender Lichtstrahl, Einfallslot und reflektierter Lichstrahl liegen in einer Ebene.

Auf dem Reflexionsgesetz beruht die optische Abbildung durch Spiegel.

Der *ebene Spiegel* erzeugt virtuelle (scheinbare), gleichgroße und seitenverkehrte Bilder, die so weit hinter dem Spiegel liegen, wie der Gegenstand davor (Abb. 64). Diese Bilder sind mit dem Auge wahrnehmbar, lassen sich aber nicht am scheinbaren Ort registrieren.

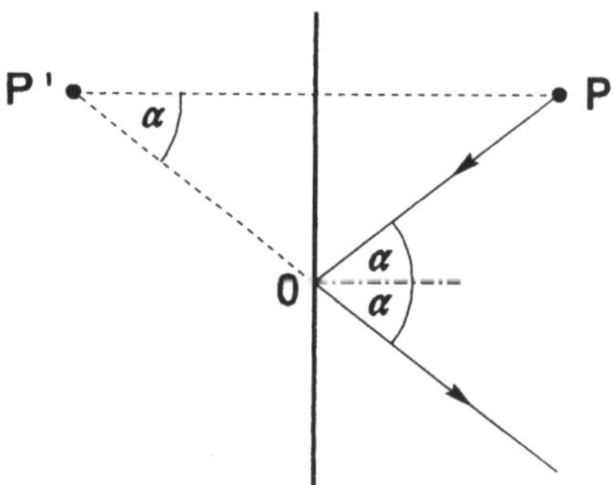

Abb. 64: Bild eines Punktes am ebenen Spiegel

Eine auf der Innenseite reflektierende Kugelfläche wird *Hohlspiegel* genannt (Abb. 65). Die Linie, die den

Scheitelpunkt S mit dem Kugelmittelpunkt M verbindet, heißt *optische Achse.* Achsenparallel einfallende Lichtstrahlen sammeln sich im Brennpunkt F. Alle vom Brennpunkt ausgehenden Strahlen werden zu Parallelstrahlen (Scheinwerfer). Der Abstand des Brennpunktes F vom Scheitel S ist die Brennweite f des Spiegels. Sie ist gleich dem halben Krümmungsradius $f = r/2$. Bei allen Objekten mit Gegenstandsweiten $g > f$ ergeben sich reelle umgekehrte Bilder mit den Bildweiten $b > f$. Ist $g < f$, so entstehen aufrechte virtuelle Bilder. Die Bildkonstruktion mit Parallelstrahl (1), Brennpunktstrahl (2) und Mittelpunktstrahl (3) ist aus Abb. 65 ersichtlich. Die *Abbildungsgleichung* des Hohlspiegels lautet

$$\frac{1}{f} = \frac{1}{g} + \frac{1}{b}.$$

Für den *Abbildungsmaßstab* β gilt

$$\beta = \frac{B}{G} = \frac{b}{g}.$$

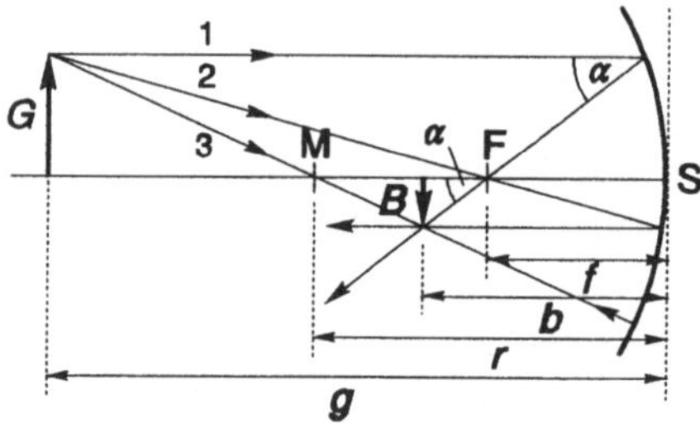

Abb. 65: Bildkonstruktion am Hohlspiegel

13.3 Brechung des Lichtes. Wenn sich die Ausbreitungsgeschwindigkeit von Lichtstrahlen beim Durchgang durch die Grenzfläche zweier Stoffe mit unterschiedlichen Brechzahlen (s. 13.1) ändert, werden sie aus ihrer ursprünglichen Richtung abgelenkt (Abb. 66). Die Abweichung vom bisherigen Verlauf heißt *Brechung.* Gilt $n_1 < n_2$, so bezeichnet man den Stoff mit der Brechzahl n_1 als das *optisch dünnere* und den Stoff mit der Brechzahl n_2 als das *optisch dichtere* Medium. Analog zur Herleitung des Reflexionsgesetzes wird auch die Brechung mit Hilfe des Fermatschen Gesetzes behandelt. Die optische Weglänge zwischen den Punkten P_1 und P_2 beträgt

$$L = n_1\, s_1 + n_1\, s_2$$

$$= n_1 \sqrt{a^2 + x^2} + n_2 \sqrt{b^2 + (l - x)^2}\ .$$

Sie soll ein Extremum (Minimum) sein:

$$\frac{dL}{dx} = \frac{n_1 x}{\sqrt{a^2 + x^2}} - \frac{n_2(l - x)}{\sqrt{b^2 + (l - x)^2}} = 0.$$

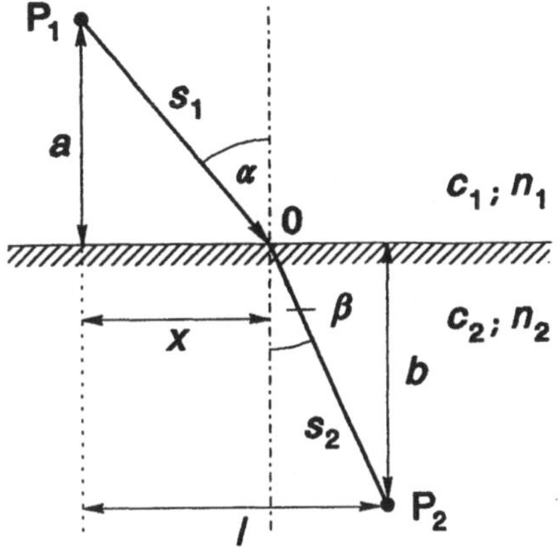

Abb. 66: Zum Brechungsgesetz

Somit folgt $n_1 \sin \alpha = n_2 \sin \beta$.

Mit $n_1 = \dfrac{c_0}{c_1}$ und $n_2 = \dfrac{c_0}{c_2}$ ergibt sich das

Snelliussche Brechungsgesetz in der Form

$$\frac{\sin \alpha}{\sin \beta} = \frac{c_1}{c_2} = \frac{n_2}{n_1} = n_{21} = \frac{1}{n_{12}}\ .$$

Die Sinus-Werte von Einfalls- und Brechungswinkel verhalten sich wie die Lichtgeschwindigkeiten in beiden Medien. Einfallender Lichtstrahl, Lot und gebrochener Lichtstrahl liegen in einer Ebene (Einfallsebene).

Beim Übergang in ein optisch dichteres Medium werden Lichtstrahlen zum Lot hin gebrochen, beim Übergang in ein optisch dünneres Medium werden sie vom Lot weg gebrochen (Umkehrbarkeit des Lichtweges).

Die Größen n_{21} und n_{12} nennt man *relative Brechzahlen*.

Anwendungen des Brechungsgesetzes (s. auch 13.4).

Totalreflexion. Geht Licht vom optisch dichten Medium in ein optisch dünnes Medium über, wird es vom Lot weg gebrochen (Abb. 67). Mit wachsendem Einfallswinkel β vergrößert sich der Brechungswinkel α. Der größte Wert, den $\sin \alpha$ annehmen kann, ist 1, wenn $\alpha = 90°$ wird. Der gebrochene Lichtstrahl verläuft dann entlang der Grenzfläche. Der zugehörige Einfallswinkel β_g ist der *Grenzwinkel der Totalreflexion*. Aus dem Brechungsgesetz folgt

$$\sin \beta_g = \frac{n_1}{n_2} = n_{12} = \frac{1}{n_{21}}\ .$$

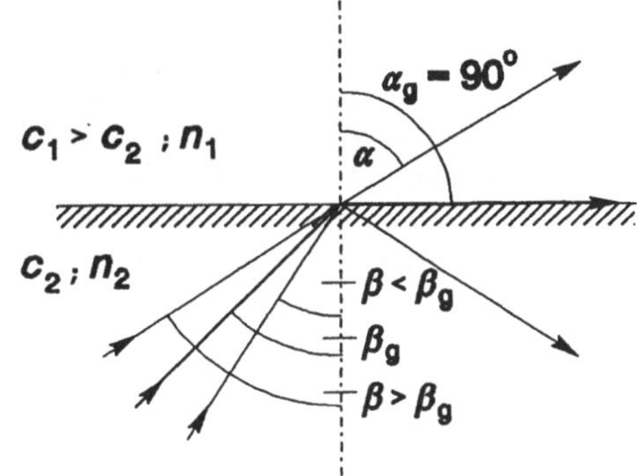

Abb. 67: Totalreflexion

Ist $\beta > \beta_g$, kann das Licht nicht mehr in das optisch dünnere Medium eindringen. Es wird vollständig an der Grenzfläche reflektiert. Diese Erscheinung heißt *Totalreflexion*. Sie wird ausgenutzt bei den totalreflektierenden Prismen und in der Glasfaseroptik (Abb. 68).

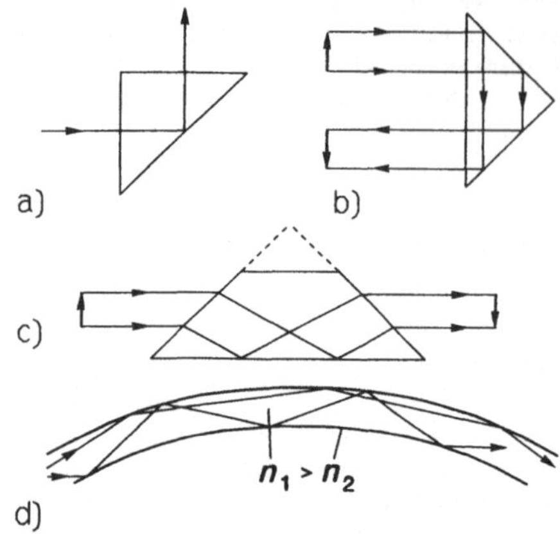

Abb. 68: Totalreflektierende Prismen und Lichtleitkabel
a) Umlenkprisma, b) Rechtwinkliges Umkehrprisma,
c) Geradsichtiges Wendeprisma, d) Lichtleitkabel

Brechung am Prisma. Unter einem optischen Prisma versteht man einen Körper mit dreieckigem Querschnitt aus Glas oder einem durchsichtigen Kristall. Ein Lichtstrahl tritt so hindurch, daß er auf zwei ebene Flächen trifft, die den *brechenden Winkel* γ miteinander bilden (Abb. 69). Infolge zweimaliger Brechung erfährt er eine Ablenkung um den Winkel δ. Bei symmetrischem Strahlenverlauf ($\alpha_1 = \alpha_2$, $\beta_1 = \beta_2$) ist der Ablenkungswinkel am kleinsten. Für diesen Fall ergibt das Brechungsgesetz die Beziehung

$$\sin \frac{\delta + \gamma}{2} = \frac{n_2}{n_1} \sin \frac{\gamma}{2} .$$

Dispersion des Lichtes. Im Vakuum ist die Ausbreitungsgeschwindigkeit des Lichtes für alle Wellenlängen gleich. In Stoffen ist sie von der Wellenlänge und von der Frequenz abhängig. Die Brechzahl eines Stoffes ist daher eine Funktion der Wellenlänge bzw. Frequenz: $n = n(\lambda)$, $n = n(f)$. Diese Erscheinung heißt *Dispersion*. Die Brechzahl von Glas ist für rotes Licht kleiner als für blaues Licht. Durch ein Prisma wird daher zusammengesetztes (polychromatisches) Licht in seine Bestandteile zerlegt (Abb. 69). Es entsteht ein *Spektrum*.

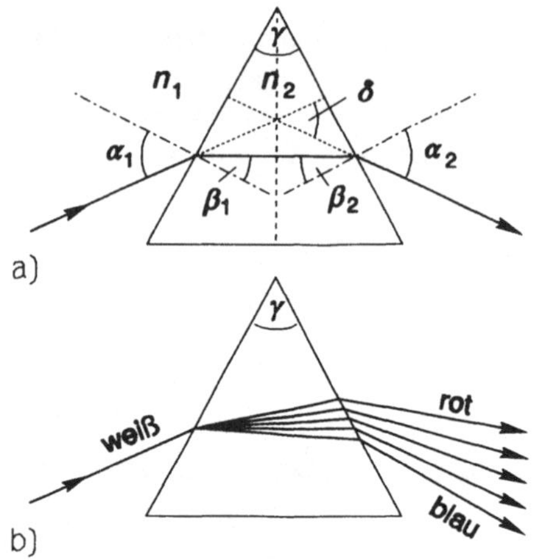

Abb. 69: Strahlenverlauf durch ein Prisma
a) Ablenkung des Lichtes
b) Dispersion des Lichtes

13.4   Optische Linsen. Lichtbrechende Körper, die von zwei Kugelflächen oder einer Kugelfläche und einer Ebene begrenzt werden, nennt man *sphärische Linsen* (Abb. 70). Die Verbindungslinie der Krümmungsmittelpunkte der beiden Kugelflächen heißt *optische Achse*.

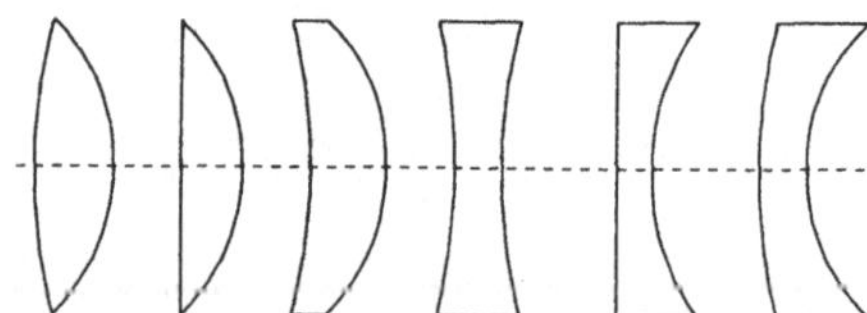

Abb. 70: Sphärische Linsen

Konvexe Linsen wirken als *Sammellinsen*. Sie sind in der Mitte dicker als am Rand. Achsenparallel auffallende Strahlen werden in konvergente Strahlen umgewandelt und in einem auf der optischen Achse liegenden reellen Brennpunkt vereinigt (Abb. 71a).

Befindet sich beiderseits einer dünnen Sammellinse (Brechzahl n_2) der gleiche Stoff (Brechzahl n_1), so gilt für achsennahe Strahlen folgende *Linsengleichung*

$$\frac{1}{f} = \left(\frac{n_2}{n_1} - 1\right)\left(\frac{1}{r_1} + \frac{1}{r_2}\right) = \frac{1}{g} + \frac{1}{b} \,.$$

Hierin sind r_1 und r_2 die Radien der Kugelflächen.

Die reziproke Brennweite einer Linse wird als *Brechkraft $D = 1/f$* bezeichnet.

Einheit der Brechkraft:
$[D] = 1/\text{m} = 1$ Dioptrie (dpt).

Die Bildkonstruktion erfolgt mit Hilfe von Parallel- (1), Mittelpunkts- (2) und Brennpunktsstrahl (3). Wenn $g > f$ ist, entstehen reelle und umgekehrte Bilder (Abb. 71b). Für $g < f$ ist das Bild virtuell und aufrecht. Der Abbildungsmaßstab ergibt sich mit derselben Beziehung wie beim Hohlspiegel:

$$\beta = \frac{B}{G} = \frac{b}{g} = \frac{b}{f} - 1 \,.$$

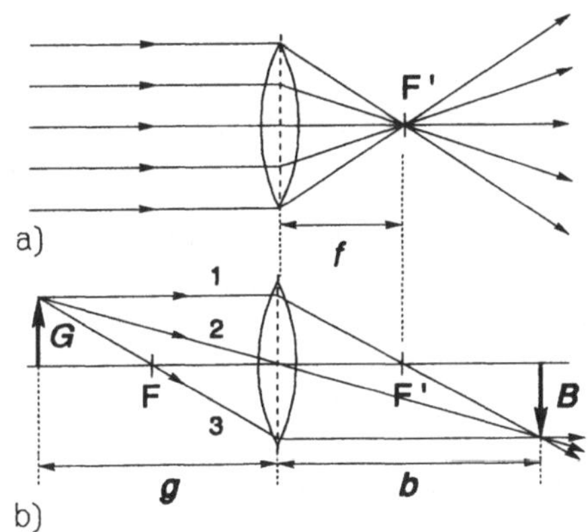

Abb. 71: Sammellinse
a) Verlauf achsenparalleler Strahlen
b) Bildkonstruktion

Konkave Linsen dienen als Zerstreuungslinsen. Sie sind in der Mitte dünner als am Rand. Achsenparallel auffallende Strahlen werden in divergente Strahlen umgewandelt. Sie scheinen von einem auf der Gegenstandsseite liegenden virtuellen Brennpunkt herzukommen (Abb. 72a).

Bei Zerstreuungslinsen entstehen stets aufrechte, verkleinerte, virtuelle Bilder. Die Bildkonstruktion erfolgt mit Hilfe der Brennpunktstrahlen 1 und 2 sowie des Mittelpunktstrahls 3 (Abb. 72b).

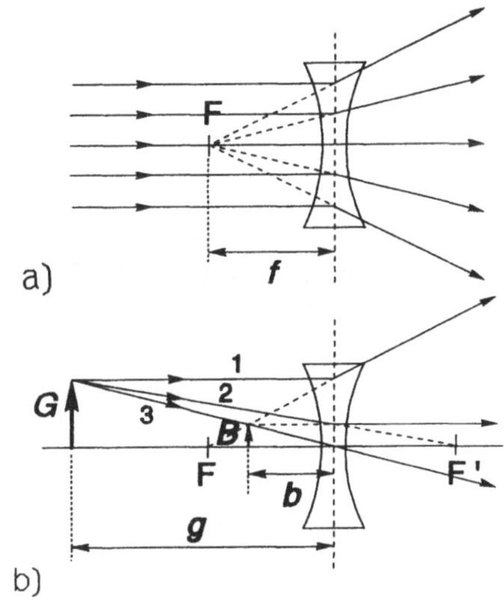

Abb. 72: Zerstreuungslinse
a) Verlauf achsenparalleler Strahlen
b) Bildkonstruktion

13.5 Optische Instrumente. Menschliches Auge.

Das abbildende System des menschlichen Auges ist eine Sammellinse. Sie erzeugt auf der Netzhaut reelle, verkleinerte und umgekehrte Bilder (Abb. 73). Um Gegenstände in verschiedenen Entfernungen noch scharf abbilden zu können, wird die Brennweite mit Hilfe des Ziliarmuskels verändert (Akkomodation). Der Winkel φ, unter dem ein Gegenstand vom optischen Mittelpunkt des Auges aus gesehen wird, heißt *Sehwinkel*. Mit dem normalsichtigen Auge werden Gegenstände ab 80 mm Entfernung (Nahpunkt) bis zu unendlich großen Entfernungen (Fernpunkt) scharf erkannt. Mit der geringsten Anstrengung können Gegenstände betrachtet werden, die sich in der *deutlichen Sehweite* $s_0 = 250$ mm befinden.

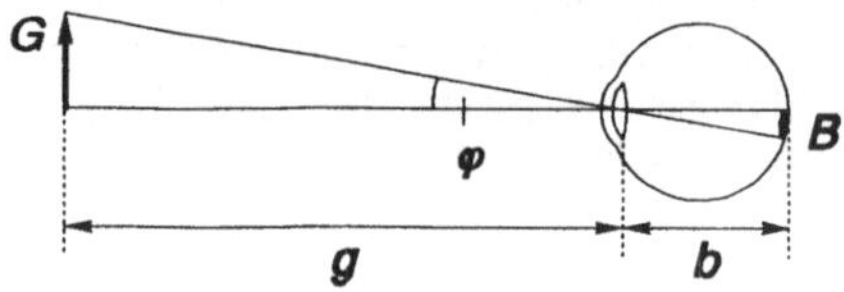

Abb. 73: Bildentstehung im Auge, Definition des Sehwinkels

Lupe. Um kleine Gegenstände betrachten zu können, müssen mit Hilfe optischer Instrumente Bilder unter hinreichend großem Sehwinkel erzeugt werden. Das Verhältnis

$$\Gamma = \frac{\varphi'}{\varphi} \approx \frac{\tan\varphi'}{\tan\varphi}$$

wird als *Vergrößerung* bezeichnet. Hierin ist φ' der Sehwinkel mit Instrument und φ der Sehwinkel mit bloßem Auge. Bild und Gegenstand müssen sich in der gleichen Entfernung vom Auge befinden.

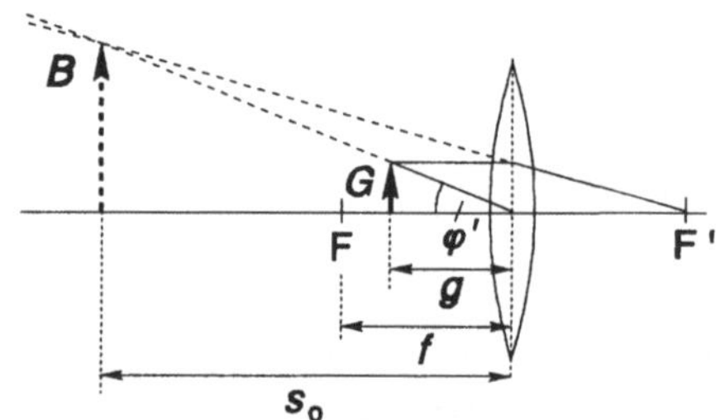

Abb. 74: Vergrößerung der Lupe

Das einfachste optische Instrument ist die *Lupe*, eine Sammellinse kurzer Brennweite. Der Gegenstand befindet sich zwischen Linse und Brennpunkt ($g < f$), so daß ein vergrößertes, aufrechtes, virtuelles Bild in der deutlichen Sehweite s_0 erscheint (Abb. 74). Mit Hilfe der Linsengleichung ergibt sich für die Vergrößerung der Lupe die Beziehung

$$\Gamma = \frac{s_0}{f} + 1 \; .$$

Mikroskop. Reicht die Vergrößerung der Lupe nicht aus, wird eine zweistufige Abbildung im Mikroskop benutzt. Eine Sammellinse kurzer Brennweite, das *Objektiv*, entwirft zunächst vom Gegenstand G ($g \approx f_{Ob}$) ein reelles, vergrößertes Zwischenbild B'. Dieses Zwischenbild betrachtet man mit dem als Lupe wirkenden *Okular*. Das Mikroskop liefert somit ein vergrößertes, virtuelles, umgekehrtes Bild B (Abb. 75). Der Abstand der inneren Brennpunkte von Objektiv und Okular heißt optische Tubuslänge t. Die Gesamtvergrößerung des Mikroskops beträgt

$$\Gamma = \frac{t \, s_0}{f_{Ob} \, f_{Ok}} \; .$$

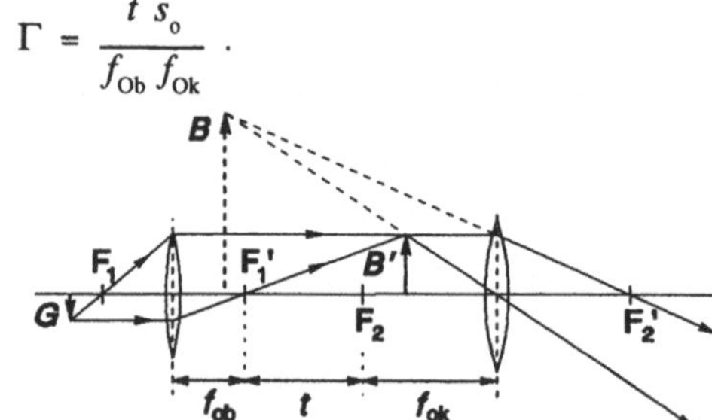

Abb. 75: Strahlengang im Mikroskop

Fernrohr. Auch ein Fernrohr besteht im einfachsten Fall nur aus zwei Sammellinsen, dem Objektiv und dem Okular. Von einem weit entfernten Objekt ($g \to \infty$) entwirft das Objektiv ein verkleinertes, reelles, umgekehrtes Zwischenbild fast in der Brennebene ($b \approx f_{Ob}$). Es wird mit dem als Lupe wirkenden Okular als virtuelles, vergrößertes Bild betrachtet. Dabei ist das Auge auf ∞ akkomodiert. Die Vergrößerung des Fernrohres ergibt sich zu $\Gamma = f_{Ob} / f_{Ok}$.

Dieses Keplersche oder astronomische Fernrohr liefert umgekehrte Bilder. Für die Beobachtung irdischer Objekte erfolgt die Bildumkehr mit Hilfe von Umkehrprismen (Prismenfeldstecher).

14 Wellenoptik

14.1 Interferenz des Lichtes. Interferenz und Beugung sind zwingende Beweise für die Wellennatur des Lichtes (s. 7.5 und 7.6). Das Zustandekommen optischer Interferenzerscheinungen ist jedoch an die zusätzliche Voraussetzung der *Kohärenz* geknüpft.

Die von zwei gleichartigen Schallquellen ausgehenden mechanischen Wellen können sich verstärken und auslöschen. Wenn sich dagegen die Lichtwellen zweier Glühlampen überlagern, wird immer Verstärkung, niemals Auslöschung beobachtet. Verschiedene Lichtquellen oder unterschiedliche Punkte ausgedehnter Lichtquellen emittieren inkohärentes Licht. Licht wird in Wellenzügen begrenzter Länge von einzelnen unabhängigen Atomen ausgestrahlt. Dabei ändern sich die Phasendifferenzen zwischen den einzelnen Wellenzügen völlig unregelmäßig, so daß keine Interferenzen zu beobachten sind.

Kohärente Lichtwellen gehen von einem Punkt der gleichen Lichtquelle aus. Sie stimmen in ihrer Frequenz überein und schwingen mit gleicher Phase oder unveränderlicher Phasendifferenz.

Die miteinander interferierenden Wellenzüge müssen daher von *einer* punktförmigen Lichtquelle stammen. Durch Spiegelung, Brechung oder Beugung werden sie in Teilwellen zerlegt und diese nach dem Durchlaufen unterschiedlicher Wege (optische Wegdifferenz) zur Interferenz gebracht. Die Herkunft der Wellen von ein und derselben Quelle genügt jedoch noch nicht. Bei einer mittleren Lebensdauer der angeregten Atome von $\tau \approx 10^{-8}$ s beträgt die Länge der emittierten Wellenzüge, die sogenannte *Kohärenzlänge*, $l = c\,\tau \approx 3$ m.

Damit Interferenz auftreten kann, darf außerdem die optische Wegdifferenz der Teilwellen *l* nicht überschreiten.

Interferenz an planparalleler Platte.
Es gibt zahlreiche experimentelle Anordnungen zur Beobachtung von Interferenzerscheinungen. Hier wird die Interferenz von monochromatischem Licht an einer dünnen planparallelen Schicht behandelt. Dieses Beispiel zeigt nicht nur sehr schön das Wesen eines Interferenzversuches, sondern es bildet auch die Grundlage von Präzisionsmethoden zur Wellenlängen- und Schichtdickenmessung.
Von einer Lichtquelle fällt die ebene Welle mit der Wellenfront $\overline{AD}$ unter dem Winkel α aus der umgebenden Luft ($n_1 = 1$) auf eine durchsichtige planparallele Schicht ($n_2 = n > n_1$) der Dicke d (Abb. 76). Von dem im Punkt A auftreffenden Strahl 1 wird nur der in die Schicht hineingebrochene Teilstrahl betrachtet, der nach Reflexion (Punkt B) und nochmaliger Brechung (Punkt C) als Strahl 1' wieder aus ihr austritt. Der kohärente Parallelstrahl 2 wird im Punkt C partiell reflektiert. Die Teilstrahlen 1' und 2' überlagern sich. Ihre Wegdifferenz beträgt

$$\Delta L = n\,(\overline{AB} + \overline{BC}) - \overline{DC} = 2n\,\overline{AB} - \overline{DC} \ .$$

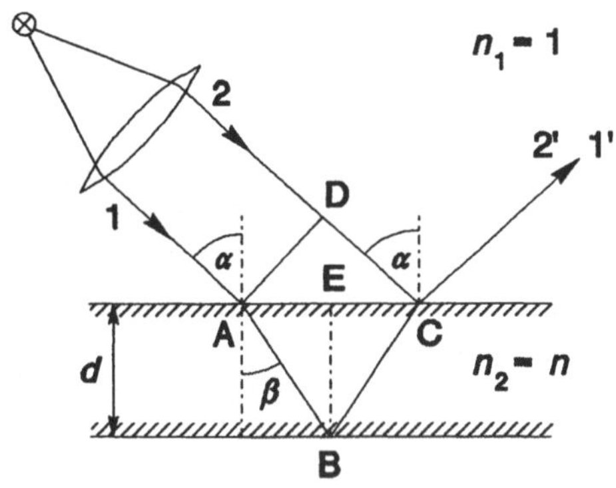

Abb. 76: Interferenz an einer planparallelen Platte

Mit Hilfe des Brechungsgesetzes $\dfrac{\sin\alpha}{\sin\beta} = n$ erhält man

$$2\,n\,\overline{AB} = \frac{2\,n\,d}{\cos\beta} = \frac{2\,n^2\,d}{\sqrt{n^2 - \sin^2\alpha}} \ .$$

Es gilt weiterhin

$$\overline{DC} = \overline{AC}\ \sin\alpha = 2\ \overline{AE}\ \sin\alpha\ \sin\beta$$

$$= \frac{2\,d\,\sin^2\alpha}{\sqrt{n^2 - \sin^2\alpha}}\ .$$

Außerdem ist noch zu beachten, daß die im Punkt C am optisch dichteren Medium reflektierte Welle 2 einen Phasensprung um π erfährt. Ihm entspricht ein zusätzlicher Gangunterschied von $\lambda/2$. Somit beträgt der vollständige optische Gangunterschied der beiden Strahlen 1' und 2'

$$\Delta L = 2\,d\,\sqrt{n^2 - \sin^2\alpha} + \frac{\lambda}{2}\ .$$

Die Wellen werden sich verstärken oder auslöschen, je nachdem ob ΔL ein geradzahliges oder ein ungeradzahliges Vielfaches von $\lambda/2$ ist.

Somit lauten die Bedingungen für Helligkeit und Dunkelheit

$$2d\sqrt{n^2 - \sin^2\alpha} = \begin{cases} (z - \frac{1}{2})\,\lambda & \text{Interferenz-maxima,} \\[2ex] z\,\lambda & \text{Interferenz-minima.} \end{cases}$$

Hierin ist $z = 1, 2, 3, \dots$ die *Ordnungszahl der Interferenz*.

Wenn nicht Licht einer einzigen Wellenlänge, sondern weißes Licht auf dünne Schichten fällt, ist das Interferenzbild farbig. Je nach der Schichtdicke und dem Einfallswinkel werden jeweils die Wellenlängen verstärkt oder ausgelöscht, die gerade die entsprechende Interferenzbedingung erfüllen. Auf diese Weise entstehen die *Farben dünner Blättchen*: Seifenblasen, Ölfilme auf Wasser, Luftschichten in Glassprüngen, Anlaßfarben oxidierter Metalloberflächen.

14.2 Beugung des Lichtes.

Beugungserscheinungen sind ein weiterer Beweis für die Wellennatur des Lichtes. Sie treten auf, wenn Licht auf Hindernisse trifft, deren Abmessungen mit der Wellenlänge vergleichbar sind. Die Lichtwellen werden vom geradlinigen Verlauf abgelenkt und dringen in den geometrischen Schattenbereich ein. Diese Abweichungen von der scharfen Schattenbildung lassen sich mit

Hilfe des *Huygens-Fresnelschen Prinzips* erklären (s. 7.6). Wenn die Beugungserscheinungen durch ebene Wellen (paralleles Licht) hervorgerufen werden, spricht man von *Fraunhoferscher Beugung*. Experimentell läßt sich dieser einfache Fall verwirklichen, indem Lichtquelle und Beobachtungsschirm in die Brennpunkte von Sammellinsen gestellt werden, so daß sie "unendlich weit" vom beugenden Objekt entfernt sind. Gekrümmte Wellenflächen (divergentes Licht) liegen vor, wenn sich Lichtquelle oder Beobachtungspunkt beziehungsweise beide in endlicher Entfernung vom beugenden Objekt befinden. Dieser Fall entspricht der *Fresnelschen Beugung*.

Fraunhofersche Beugung am Einfachspalt.
Fällt paralleles monochromatisches Licht auf eine spaltförmige Öffnung in einer undurchsichtigen Blende, dann beobachtet man auf einem dahinterliegenden Schirm ein System heller und dunkler Interferenzstreifen. Nach dem Huygens-Fresnelschen Prinzip gehen von jedem Punkt der Spaltöffnung Elementarwellen aus, die sich überlagern. Ist b die Spaltbreite, dann beträgt der Gangunterschied der beiden Randstrahlen $\Delta L = b\ \sin\alpha$ (Abb. 77).

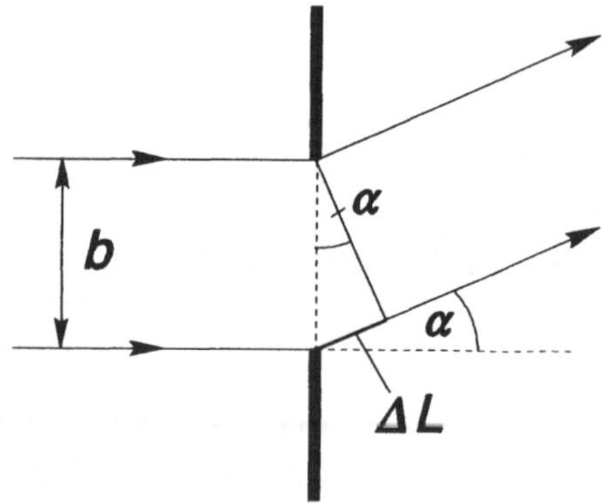

Abb. 77: Fraunhofersche Beugung am einfachen Spalt

Die Mitte des Beugungsbildes ist hell. Hier befindet sich das Hauptmaximum, weil im Falle des ungebeugten Lichtes ($\alpha = 0$) keine Gangunterschiede ($\Delta L = 0$) vorhanden sind. Gilt jedoch $\Delta L = \lambda$ oder $\Delta L = z\lambda$, dann kann man das gesamte Wellenbündel in 2 oder $2z$

Teilbündel aufspalten. Benachbarte Teilbündel haben jeweils den Gangunterschied $\lambda/2$ und löschen sich aus. Zwischen den Dunkelstellen liegen die Nebenmaxima. Bei der Fraunhoferschen Beugung am einfachen Spalt ergeben sich daher die Beugungswinkel aus folgenden Bedingungen:

Hauptmaximum: $\alpha = 0$,

Auslöschung: $\sin \alpha = \pm z \dfrac{\lambda}{b}$,

Nebenmaxima: $\sin \alpha = \pm (z + \dfrac{1}{2}) \dfrac{\lambda}{b}$,

(mit $z = 1, 2, 3, ...$).

Die Höhe der Nebenmaxima verringert sich mit wachsendem z rasch (Abb. 78).

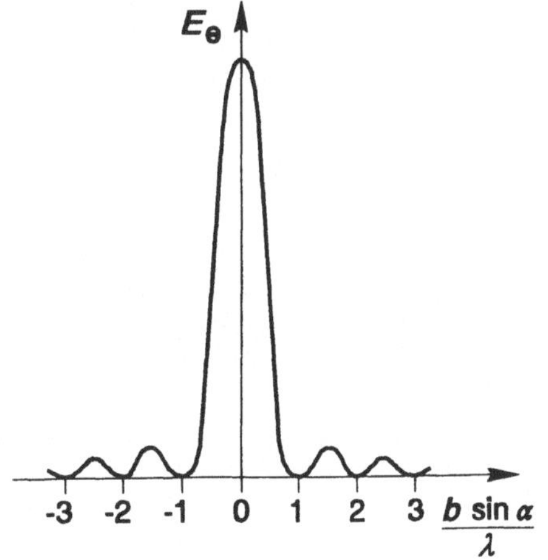

Abb. 78: Bestrahlungsstärke E_e bei der Beugung am Spalt

Fraunhofersche Beugung am Gitter.
Besonders ausgeprägte Beugungs- und Interferenzerscheinungen sind zu beobachten, wenn Licht auf periodische Strukturen trifft. Ein Beispiel hierfür ist das Strichgitter. Ein optisches *Beugungsgitter* stellt eine große Anzahl paralleler Spalte dar, die alle den gleichen Abstand voneinander haben. Es wird durch Ritzen einer planparallelen Glasplatte mit einem Diamanten hergestellt. Nur durch die zwischen den Strichen (≈ 1800 je mm) stehengebliebenen Streifen des unverletzten Glases kann das Licht ohne Störung hindurchtreten. Der Abstand g zweier Spalte heißt *Gitterkonstante* (Abb. 79). Auf das Gitter fällt ein paralleles

Lichtbündel. Wenn der Gangunterschied ΔL benachbarter Elementarwellen ein ganzzahliges Vielfaches der Wellenlänge ist, entstehen Interferenzmaxima. Mit $\Delta L = g \sin \alpha$ ergeben sich die Richtungen maximaler Verstärkung aus der Bedingung

$$\sin \alpha = \pm z \frac{\lambda}{g} .$$

Die Laufzahl $z = 0, 1, 2, 3, ...$ gibt die Ordnung des Beugungsmaximums an.

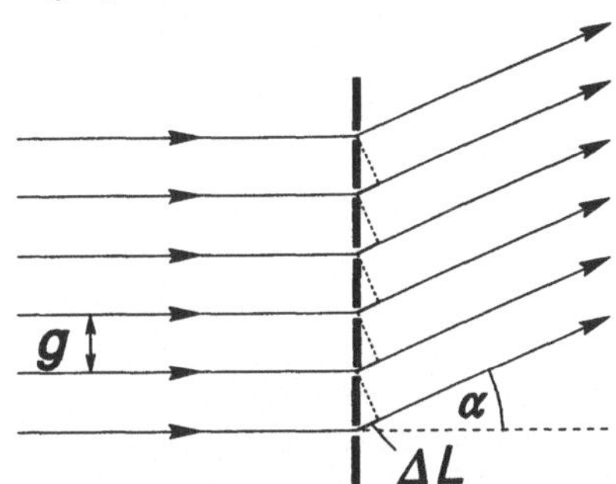

Abb. 79: Beugungsgitter

Der Beugungswinkel ist der Wellenlänge proportional. Im Gegensatz zur Ablenkung des Lichtes durch ein Prisma wird somit langwelliges Licht (rot) stärker gebeugt als kurzwelliges (blau). Tritt mehrfarbiges oder weißes Licht durch ein Gitter, so entsteht ein *Beugungsspektrum*. In Spektrometern dienen Beugungsgitter für Präzisionsmessungen der Wellenlänge von Spektrallinien.

14.3 Polarisation des Lichtes. Interferenz und Beugung begründen die Wellennatur des Lichtes. Daß Lichtwellen elektromagnetische *Transversalwellen* sind, folgt aus ihrer Polarisierbarkeit.

In elektromagnetischen Wellen schwingen die elektrische Feldstärke E und die magnetische Feldstärke H senkrecht zueinander und beide senkrecht zur Fortpflanzungsrichtung. Für die Behandlung der Polarisation reicht die Betrachtung des Feldstärkevektors E aus. Die Ebene, in der E schwingt, wird *Schwingungsebene* genannt.

Das von leuchtenden Körpern (Temperaturstrahler) ausgehende "natürliche" Licht ist nicht polarisiert. Die von zahllosen Atomen emittierten kurzen Wellenzüge schwingen völlig regellos senkrecht zur Ausbreitungsrichtung. Alle Schwingungsebenen kommen gleichmäßig verteilt vor.

Durch besondere Vorrichtungen, sogenannte *Polarisatoren*, ist aber erreichbar, daß nur noch eine einzige Schwingungsrichtung vorliegt (Abb. 80). Wenn der Vektor E diese Richtung im Raume beibehält, wobei sich sein Betrag mit der Zeit periodisch ändert, dann spricht man von *linear polarisiertem Licht*. Vorrichtungen zum Nachweis des polarisierten Lichtes und zur Bestimmung der Schwingungsebene heißen *Analysatoren*. Sie sind genauso wie die Polarisatoren aufgebaut. Bei paralleler Anordnung von Polarisator und Analystor tritt durch dieses System Licht hindurch. Ist die Schwingungsebene des Analysators um 90° gegen die des linear polarisierten Strahls verdreht (Polarisator und Analysator sind gekreuzt), dann wird das Licht ausgelöscht.

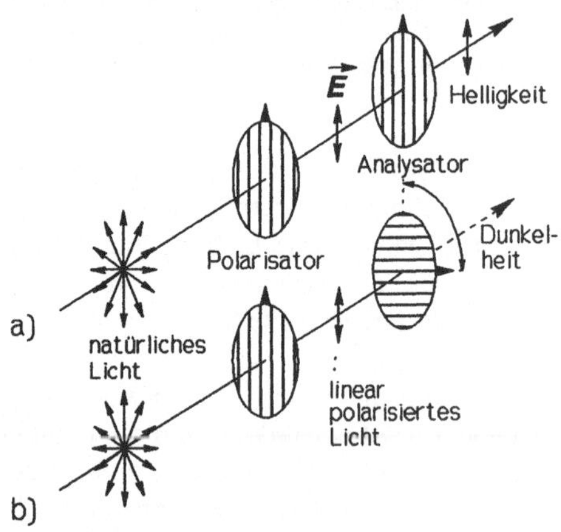

Abb. 80: Linear polarisiertes Licht
a) Polarisator und Analysator parallel
b) Polarisator und Analysator gekreuzt

Erzeugung von linear polarisiertem Licht aus natürlichem Licht.

Polarisation durch Reflexion und Brechung. Fällt natürliches Licht aus dem optisch dünnen Medium ($n_1 = 1$) unter dem Winkel α_p auf die Oberfläche eines durchsichtigen dichten Mediums ($n_2 = n$), dann ist das reflektierte Licht vollständig linear polarisiert. Wie hier nicht näher begründet werden kann, stehen in diesem Fall reflektierter und gebrochener Strahl senkrecht aufeinander (Abb. 81). Mit $\sin \alpha_p = n \sin (90° - \alpha_p) = n \cos \alpha_p$ ergibt sich das *Brewstersche Gesetz*

$$\tan \alpha_p = n \; .$$

Der Winkel α_p wird als Polarisationswinkel oder Brewsterscher Winkel bezeichnet. Für Glas mit der Brechzahl $n = 1,52$ folgt $\alpha_p = 56,7°$. Auch der gebrochene Teil des Lichtes ist polarisiert, allerdings nicht vollständig.

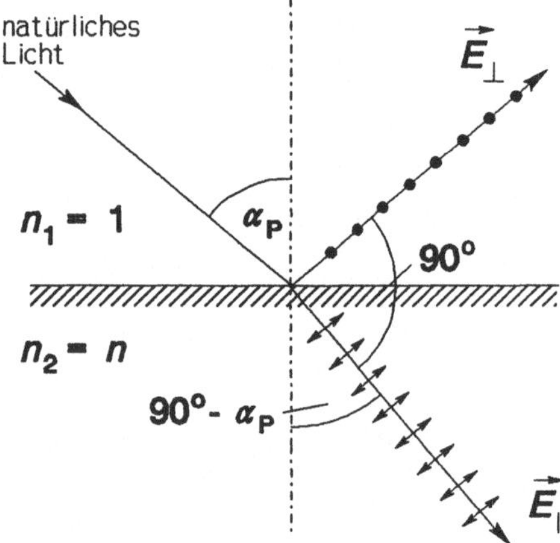

Abb. 81: Zum Brewsterschen Gesetz

Polarisation durch Doppelbrechung. Trifft natürliches Licht auf optisch einachsige Kristalle (Kalkspat, Glimmer, Gips), so wird es in zwei senkrecht zueinander linear polarisierte Strahlenbündel aufgespaltet. Der *ordentliche* (o) *Strahl* befolgt das Snelliussche Brechungsgesetz, der *außerordentliche* (ao) *Strahl* gehorcht diesem Gesetz nicht. Damit linear polarisiertes Licht zur Verfügung steht, muß einer der beiden Strahlen beseitigt werden. Auf diesem Prinzip beruht das häufig als Polarisator und Analysator verwendete *Nicolsche Prisma* (Abb. 82). Ein geschliffenes Kalkspatrhomboeder wird auseinandergeschnitten und mit Kanadabalsam wieder zusammengekittet. An der Kittschicht findet Totalreflexion des ordentlichen Strahls statt, so daß in Einfallsrichtung allein der außerordentliche Strahl als linear polarisiertes Licht austritt.

Drehung der Schwingungsebene. Bestimmte Stoffe (Quarzkristalle, Zuckerlösungen) drehen die Schwingungsebene des durch sie hindurchgehenden linear polarisierten Lichtes. Sie werden als *optisch aktive Stoffe* bezeichnet.

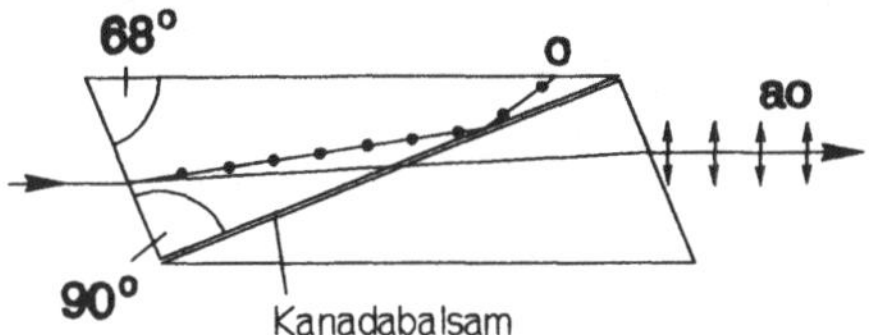

Abb. 82: Nicolsches Prisma

15   Quantenoptik

15.1   Lichtquanten. Mit den Vorstellungen der Strahlen- und Wellenoptik lassen sich nicht alle Erscheinungen des Lichtes verstehen. Die Entstehung von Licht, seine Absorption und die Wechselwirkungen mit Atomen können nur erklärt werden, wenn man Licht als einen Strom diskreter Teilchen bestimmter Energie auffaßt. Licht besitzt Wellen- und Teilcheneigenschaften (*Welle-Teilchen-Dualismus*).

Der Begriff des Energiequants der elektromagnetischen Strahlung wurde 1900 von PLANCK zur Deutung der Wärmestrahlung eingeführt. EINSTEIN hat 1905 mit Hilfe des Teilchenmodells den Photoeffekt (s. 15.2) interpretiert.

Licht stellt einen Strom von *Lichtquanten* oder *Photonen* dar, die sich mit Lichtgeschwindigkeit bewegen und deren Energie der Frequenz $f = c_0/\lambda$ der zugehörigen Welle proportional ist:

$$E = h\,f\,.$$

Die Naturkonstante $h = 6{,}6260755 \cdot 10^{-34}$ J s heißt *Planck-Konstante* (Wirkungsquantum).

Mit Hilfe der Einsteinschen relativistischen *Masse-Energie-Äquivalenz* $E = m\,c_0^2$ kann man dem Photon die Masse

$$m = \frac{h\,f}{c_0^{\,2}} = \frac{h}{c_0\,\lambda}$$

zuordnen. Durch Multiplikation mit der Lichtgeschwindigkeit c_0 ergibt sich der Photonenimpuls:

$$p = \frac{h\,f}{c_0} = \frac{h}{\lambda}\,.$$

Nach der relativistischen Massebeziehung

$$m = \frac{m_0}{\sqrt{1 - \dfrac{v^2}{c_0^{\,2}}}}$$

würde jedes Teilchen mit endlicher Ruhemasse ($m_0 \neq 0$) für $v = c_0$ eine unendlich große bewegte Masse m annehmen. Die Ausbreitung der Lichtquanten oder Photonen mit Lichtgeschwindigkeit ist daher nur verständlich, wenn sie keine Ruhemasse besitzen:

$$m_0 = \frac{h\,f}{c_0^{\,2}}\,\sqrt{1 - \frac{c_0^{\,2}}{c_0^{\,2}}} = 0\,.$$

Photonen bewegen sich stets mit Lichtgeschwindigkeit, in Ruhe existieren sie nicht.

15.2   Photoeffekt. Fällt energiereiches Licht (UV) auf eine Metalloberfläche, so löst es aus ihr Elektronen heraus. Diese Erscheinung heißt *äußerer lichtelektrischer*

Effekt oder *äußerer Photoeffekt*. Die befreiten Elektronen werden *Photoelektronen* genannt. Ihre kinetische Energie wird mit der *Gegenfeldmethode* bestimmt. Man läßt die aus einer Metallkatode austretenden Photoelektronen gegen eine zweite negative Elektrode anlaufen und bremst sie ab. Ist U diejenige Spannung zwischen Metall und Gegenelektrode, bei der gerade keine Elektronen mehr das Bremsfeld überwinden können, dann gilt

$$E_{kin} = \frac{1}{2}\, m_e\, v^2 = e\, U\, .$$

Grundlegende Untersuchungen haben ergeben, daß nur die Zahl der ausgelösten Photoelektronen mit der Bestrahlungsstärke wächst. Die kinetische Energie der Photoelektronen hängt allein von der Frequenz des auslösenden Lichtes und von der Art des Metalls ab. Der Photoeffekt ist überhaupt erst oberhalb einer für das Metall charakteristischen *Grenzfrequenz* $f_G = c_0/\lambda_G$ des eingestrahlten Lichtes zu beobachten.

Diese Ergebnisse sind im Rahmen der Wellentheorie des Lichtes nicht erklärbar. Dagegen sind sie einfach zu deuten, wenn man Licht als Teilchenstrom auffaßt.

Beim Auftreffen auf eine Metalloberfläche stoßen die Photonen mit Elektronen zusammen und geben ihre gesamte Energie ab. Zur Auslösung eines Elektrons muß die Energie $h\, f > h\, f_G$ eines einzigen Photons ausreichen. Ein Teil der Energie, die sogenannte *Austrittsarbeit* W_A, wird verbraucht, damit das Photoelektron durch die Metalloberfläche austreten kann. Der verbleibende Rest der Photonenenergie ist die kinetische Energie des Photoelektrons. Die Energiebilanz des Photoeffektes wird durch die *Einsteinsche Gleichung*

$$h\, f = \frac{1}{2}\, m_e\, v^2 + W_A = e\, U + W_A$$

beschrieben. Aus dieser Beziehung ist abzulesen, daß der Photoeffekt die Mindest- oder Grenzfrequenz $f_G = W_A/h$ erfordert und daß die kinetische Energie der Photoelektronen mit der Frequenz des Lichtes wächst. Bei der Grenzfrequenz f_G ist die kinetische Energie der Photoelektronen Null. Trägt man die kinetische Energie $e\, U$ gegen f auf, so ergibt sich eine Gerade (Abb. 83). Ihr Anstieg liefert die Planck-Konstante h. Die Austrittsarbeit W_A entspricht dem negativen Ordinatenabschnitt der verlängerten Geraden.

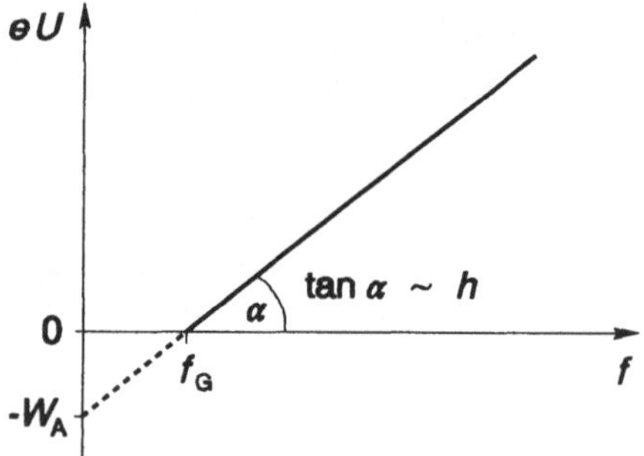

Abb. 83: Kinetische Energie der Photoelektronen in Abhängigkeit von der Frequenz des Lichtes

Der äußere Photoeffekt hat verschiedene Anwendungen gefunden. In den Photozellen und Photo-Sekundärelektronenvervielfachern (PSEV) dient er zur Messung kleiner und kleinster Lichtströme. Da die Photoelektronen aus sehr dünnen Schichten (10^{-9} bis 10^{-8} m) ausgelöst werden, geben sie Auskunft über Oberflächenstrukturen. Das wird in der Ultraviolett-Photoelektronen-Spektrometrie (UPS) und Röntgen-Photoelektronen-Spektrometrie (XPS) analytisch genutzt.

15.3   Compton-Effekt. Beim Photoeffekt gibt das Photon seine gesamte Energie an ein Elektron ab. Mit zunehmender Energie wird im Bereich der Röntgen- und Gamma-strahlung ein weiterer Elementarprozeß, die *Compton-Streuung*, immer wahrscheinlicher. Das Photon überträgt dabei nur einen Teil seiner Energie auf ein freies oder lokker gebundenes Elektron und erfährt selbst eine Richtungsänderung. Auch dieser Vorgang ist ein überzeugender Beweis für die Photonenvorstellung.

Die Wechselwirkung zwischen einem freien Elektron und einem Photon mit der Energie $E = h f$ und dem Impuls $p = h f/c_0$ befolgt die Gesetzmäßigkeiten des elastischen Stoßes (Abb. 84). Nach dem Stoß hat das Photon die kleinere Energie $E' = h f'$ und den veränderten Impuls $p' = h f'/c_0$. Der geringeren Frequenz f' entspricht die vergrößerte Wellenlänge $\lambda' = c_0/f'$. Das Rückstoß- oder *Compton-Elektron* bewegt sich mit hoher Geschwindigkeit.

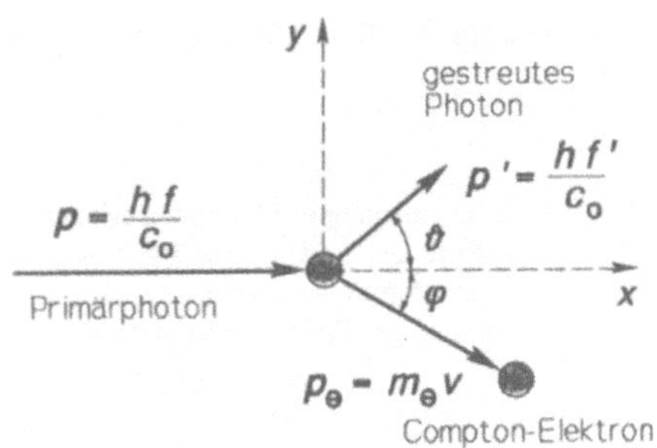

Abb. 84: Compton-Effekt: Stoß eines Photons mit einem freien Elektron

Man kann diesen Stoßprozeß näherungsweise mit den Gesetzen der klassischen Physik behandeln. Beim Compton-Effekt bleiben die Gesamtenergie und der gesamte Impuls erhalten. Der Energieerhaltungssatz lautet in klassischer Form

$$h f = h f' + \frac{1}{2} m_e v^2 .$$

Den Impulserhaltungssatz schreibt man getrennt für die x- und die y-Komponente:

$$\frac{h f}{c_0} = \frac{h f'}{c_0} \cos \vartheta + m_e v \cos \varphi ,$$

$$0 = \frac{h f'}{c_0} \sin \vartheta - m_e v \sin \varphi .$$

Aus diesen Gleichungen ergibt sich die Frequenzänderung

$$\Delta f = f' - f = - \frac{h f f'}{m_e c_0^2} (1 - \cos \vartheta)$$

und somit die Wellenlängenverschiebung des gestreuten Photons

$$\boxed{\Delta \lambda = \lambda' - \lambda = \frac{h}{m_e c_0} (1 - \cos \vartheta).}$$

In Übereinstimmung mit dem Experiment hängt $\Delta \lambda$ weder vom Streumaterial noch von der Primärwellenlänge ab. Maßgebend für die Verschiebung der Wellenlänge ist lediglich der Streuwinkel ϑ des Photons. Am größten ist die Wellenlängenänderung im Fall der direkten Rückstreuung ($\vartheta = 180°$), in Richtung des Primärstrahls ($\vartheta = 0°$) verschwindet sie. Der Faktor

$$\lambda_C = \frac{h}{m_e c_0} = 2{,}426\ 310\ 58 \cdot 10^{-12}\ \text{m}$$

heißt *Compton-Wellenlänge* des Elektrons.

15.4   Materiewellen. Licht besitzt einen merkwürdigen Doppelcharakter. Es verhält sich einerseits wie eine elektromagnetische Welle und zeigt andererseits ausgeprägte Teilcheneigenschaften. Zwei charakteristische Größen, Wellenlänge λ und Photonenimpuls p, sind durch die Beziehung

$$\lambda = \frac{h}{p}$$

miteinander verknüpft (s. 15.1). Der durch überzeugende Experimente bestätigte *Welle-Teilchen-Dualismus* des Lichtes legt den Gedanken nahe, daß diese Dualität eine allgemeine Gesetzmäßigkeit der Natur widerspiegelt. Die Idee eines durchgängigen Welle-Teilchen-Dualismus hat 1924 erstmals der französische Physiker L. DE BROGLIE geäußert. Materielle Teilchen der Masse m, die sich mit der Geschwindigkeit v bewegen, sollten auch Welleneigenschaften aufweisen. Ihre *de Broglie-Wellenlänge* oder *Materiewellenlänge* ergibt sich mit der gleichen Beziehung wie beim Licht:

$$\lambda = \frac{h}{p} = \frac{h}{m\,v}\,.$$

Das Konzept der Materiewellen hat sich bestätigt. Beschleunigt man Elektronen in einem elektrischen Feld mit der Beschleunigungsspannung U, dann gilt für die Wellenlänge eines Elektrons

$$\lambda = \frac{h}{m_e\,v} = \frac{h}{\sqrt{2e\,m_e\,U}}\,.$$

Diese Elektronen werden an Kristallen genauso gebeugt wie energiereiche Photonen der gleichen Wellenlänge.

Wenn die Elektronengeschwindigkeit die Größenordnung der Lichtgeschwindigkeit erreicht ($v > 0{,}1\,c_0$), muß man allerdings die relativistische Massenänderung berücksichtigen und die Materiewellenlänge mit der allgemeinen Formel

$$\lambda = \frac{h}{m_e\,v}\sqrt{1 - \frac{v_e^2}{c_0^2}}$$

berechnen.

Heute führt man Beugungsexperimente auch mit Neutronen, Protonen und Atomen durch.

Die Welleneigenschaften der Materie sind nur bei Mikroteilchen wahrzunehmen, wenn ihre Abmessungen mit der de Broglie-Wellenlänge näherungsweise übereinstimmen. Makroskopische Körper besitzen auf Grund der großen Masse extrem kleine Wellenlängen, so daß ihr Wellencharakter verborgen bleibt.

Die Wellennatur beschleunigter Elektronen ermöglicht den Bau hochauflösender *Elektronenmikroskope*. Auf der Elektronen- und Neutronenbeugung beruhen auch bedeutende Verfahren der Strukturuntersuchung.

Atome

16 Atomhülle

16.1 Atombau. Die *Atome* sind die kleinsten mit chemischen Mitteln nicht weiter zerlegbaren Teilchen eines chemischen Elementes. Ihr Durchmesser beträgt etwa 10^{-10} m. Jedes Atom besteht aus einer Elektronenhülle und einem positiv geladenen Kern. Die positive Kernladung $+Z\,e$ wird durch die Summe der negativen Ladungen aller Hüllenelektronen $-Z\,e$ kompensiert. Die Elektronen in der *Atomhülle* bestimmen die chemischen und viele physikalische Eigenschaften des betreffenden Elementes. Ihre Anzahl Z heißt *Ordnungszahl*. Sie gibt die Stellung des Elementes im Periodensystem an. Der Atomkern ist aus Nukleonen aufgebaut (s. 17.1). Die Gesamtzahl der Nukleonen wird *Nukleonenzahl A* genannt. Im Kern ist fast die gesamte Masse vereinigt, obwohl er mit einem Durchmesser von annähernd 10^{-14} m nur einen winzigen Teil des vom Atom erfüllten Raumes einnimmt.

Eine durch die Ordnungszahl Z und die Nukleonenzahl A gekennzeichnete Atomart heißt Nuklid.

Man kennt heute 111 chemische Elemente, etwa 270 stabile Nuklide und über 2000 instabile oder radioaktive Nuklide. Zur Bezeichnung eines Nuklids wird vor das chemische Symbol des Elementes als unterer Index die Ordnungszahl und als oberer Index die Nukleonenzahl geschrieben: $^{1}_{1}\mathrm{H}$, $^{4}_{2}\mathrm{He}$, $^{238}_{92}\mathrm{U}$.

Nuklide mit der gleichen Ordnungszahl, deren Atomkerne aber unterschiedliche Nukleonenzahlen aufweisen, werden *Isotope* genannt. Da ihre Elektronenhüllen identisch sind, gehören sie zu ein und demselben chemischen Element und stehen im Periodensystem am gleichen Platz: $^{20}_{10}\mathrm{Ne}$, $^{21}_{10}\mathrm{Ne}$, $^{22}_{10}\mathrm{Ne}$.

Die Massen der Atome sind sehr klein. Das Atom des gewöhnlichen Wasserstoffs besitzt die Masse $m_{\mathrm{a}}(^{1}_{1}\mathrm{H}) = 1{,}673\,559\cdot10^{-27}$ kg. Die Massen der schwereren Atome liegen in der Größenordnung von 10^{-24} kg. Um das Rechnen mit diesen kleinen Zahlen zu umgehen, hat man anstelle der Atommasse $m_{\mathrm{a}}(^{A}_{Z}\mathrm{X})$ eines Nuklids die *relative Atommasse* $A_{\mathrm{r}}(^{A}_{Z}\mathrm{X})$ eingeführt. Sie gibt an, wievielmal größer die Ruhemasse eines Atoms als die atomare Masseeinheit ist. Die *atomare Masseeinheit* ist der 12. Teil der Ruhemasse eines Atoms des Nuklids $^{12}_{6}\mathrm{C}$:

$$m_{\mathrm{u}} = \frac{1}{12}\,m_{\mathrm{a}}(^{12}_{6}\mathrm{C}) = 1\,u\ .$$

Die relative Atommasse eines beliebigen Nuklids ist somit gegeben durch

$$\boxed{\;A_{\mathrm{r}}(^{A}_{Z}\mathrm{X}) = \frac{m_{\mathrm{a}}(^{A}_{Z}\mathrm{X})}{m_{\mathrm{u}}}\;\cdot\;}$$

Zwischen der atomaren Masseeinheit und der Einheit der Masse besteht die Beziehung
$$1\,u = 1{,}660\,540\,2\cdot10^{-27}\ \text{kg}\ .$$

Es ist nützlich, mit Hilfe des Einsteinschen Äquivalenzprinzips von Masse und Energie $E = m\,c_0^2$ die der atomaren Masseeinheit entsprechende Energie zu berechnen. Es ergibt sich
$$m_{\mathrm{u}}\,c_0^2 = 1{,}492\,419\cdot10^{-10}\ \text{J} = 931{,}5\ \text{MeV}.$$

16.2 Atomanregung. Im Jahre 1913 haben J. FRANCK und G. HERTZ mit einem fundamentalen Experiment gezeigt, daß man Atome durch *Elektronenstoß* in einen energiereichen Zustand versetzen kann.

Diese *Anregung* betrifft meistens ein einziges Außenelektron, das sogenannte *Leuchtelektron*. Es gelangt dabei aus dem Grundzustand in einen angeregten Elektronenzustand.

Die Anordnung des *Franck-Hertz-Versuches* ist schematisch in Abb. 85a dargestellt. Ein mit Quecksilberdampf gefülltes zylindrisches Rohr enthält drei Elektroden, die Glühkatode K, das Gitter G und die Anode A. Die von der Glühkatode ausgehenden Elektronen werden durch die veränderliche Spannung U_B in Richtung auf das Gitter beschleunigt. Zwischen Gitter und Anode liegt eine schwach negative Spannung $U_G \approx 0,5$ V. Treten Elektronen durch das Gitter, so müssen sie diese geringe Gegenspannung überwinden, um zur Auffangelektrode zu gelangen. Mit steigender Beschleunigungsspannung wächst die Anodenstromstärke I zunächst monoton (Abb. 85b). Bei der Spannung $U_B = 4,9$ V wird I aber plötzlich viel kleiner, um mit weiterer Vergrößerung von U_B erneut zuzunehmen. Die gleiche Erscheinung wiederholt sich bei $U_B = 2 \cdot 4,9$ V $= 9,8$ V und $U_B = 3 \cdot 4,9$ V $= 14,7$ V.

Deutung des Elektronenstoßversuches. Auf ihrem Weg von der Katode zum Gitter stoßen die Elektronen mit den schweren Quecksilberatomen zusammen. In der Regel verlaufen diese Stöße ohne Energieverlust vollkommen elastisch. Ist $U_B > 0,5$ V, können die Elektronen das schwache Bremsfeld überwinden und zur Anode gelangen. Wenn sie aber bei $U_B = 4,9$ V die kinetische Energie $E_{kin} = e\,U_B = 4,9$ eV erreicht haben, erfolgen die Zusammenstöße unelastisch. Dabei übertragen die Elektronen fast ihre gesamte Energie an Quecksilberatome, so daß die geringe Gegenspannung von $U_B = 0,5$ V ausreicht, den Strom zu unterbrechen. Bereits eine geringe Erhöhung der Beschleunigungsspannung bewirkt einen Wiederanstieg der Anodenstromstärke. Erst wenn die Beschleunigungsspannung 9,8 V, 14,7 V oder weitere Vielfache von 4,9 V beträgt, erleiden die meisten Elektronen bei aufeinanderfolgenden Stößen mit zwei oder mehr Queck-

silberatomen wieder einen vollständigen Energieverlust. Die Atomhülle der Quecksilberatome vermag offenbar Energie nur in Portionen von $\Delta E = 4,9$ eV aufzunehmen. Es erfolgt ein Übergang vom Grundzustand E_1 in den Anregungszustand E_2. Nach ihrer Anregung emittieren sie die aufgenommene Energie $\Delta E = E_2 - E_1 = 4,9$ eV in Form von Licht. Es wird eine im UV liegende Quecksilberlinie bei

$$\lambda = \frac{c_o}{f} = \frac{h\,c_o}{h\,f} = \frac{h\,c_o}{\Delta E} = 253,7 \text{ nm}$$

beobachtet.

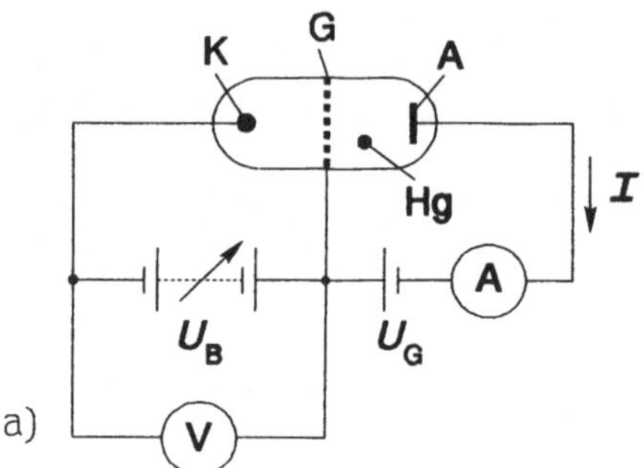

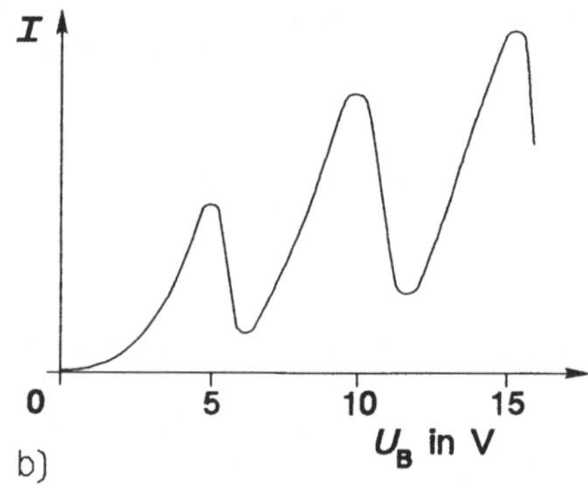

Abb. 85: Franck-Hertz-Versuch
a) Versuchsaufbau
b) $I = f(U_B)$

Mit dem Franck-Hertz-Versuch wird direkt die Existenz diskreter Anregungszustände in der Atomhülle nachgewiesen.

Atome besitzen unterhalb ihrer Ionisierungsenergie nur diskrete Energieniveaus.

Die *mittlere Lebensdauer* der angeregten Zustände beträgt im allgemeinen $\approx 10^{-8}$ s. Innerhalb dieser kurzen Zeit erfolgt entsprechend der Bohrschen Frequenzbedingung (s. 16.3) unter spontaner *Emission* von Lichtquanten der Energie

$$E = h\,f = \Delta E = E_2 - E_1$$

der Übergang in den Grundzustand.

Eine Atomanregung ist daher nicht nur mechanisch durch Elektronenstoß, sondern auch optisch durch *Absorption* von Licht entsprechender Photonenenergie möglich.

Steigert man allmählich die Energie der Elektronen oder Photonen immer weiter, so werden alle höheren Anregungszustände erreicht, bis schließlich die Abtrennung eines Elektrons erfolgt. Die dazu erforderliche Grenzenergie heißt *Ionisierungsenergie*. Ihr elementspezifischer Wert liegt zwischen 4 und 25 eV.

16.3   Atomspektren. Der Übergang eines angeregten Atoms von einem Zustand höherer Energie $E_{n'}$ in einen Zustand geringerer Energie E_n ist mit der *Emission* von Licht verbunden. Die *Absorption* von Licht durch ein Atom verläuft in der umgekehrten Richtung. Die Energie des emittierten oder absorbierten Photons ergibt sich aus der Energiedifferenz der diskreten Elektronenzustände mit der *Bohrschen Frequenzbedingung*:

$$\boxed{h\,f = \Delta E = E_{n'} - E_n \;.}$$

Ungebundene Atome (Gase) emittieren oder absorbieren daher nur Licht diskreter Wellenlängen. Die für jedes chemische Element charakteristische Folge diskreter Spektralli-

nien bildet ein *Linienspektrum*. Hierauf beruht der qualitative und quantitative Elementnachweis durch die *Spektralanalyse*.

In der Spektroskopie ist es üblich, zur Kennzeichnung einer Spektrallinie statt der Frequenz oder der Wellenlänge den Kehrwert der Wellenlänge, die sogenannte *Wellenzahl* zu benutzen. Diese Größe ist der Photonenenergie proportional:

$$\frac{1}{\lambda} = \frac{f}{c_0} = \frac{\Delta E}{h\,c_0}\;.$$

Das einfachste Linienspektrum wird vom *Wasserstoffatom* ausgesandt. Dieses Spektrum kann in eine Reihe von *Spektralserien* zerlegt werden, wobei die einzelnen Linien mit hoher Genauigkeit durch die *Serienformeln*

$$\frac{1}{\lambda} = \frac{f}{c_0} = R_H \left(\frac{1}{n^2} - \frac{1}{n'^2} \right),$$
$$f = \frac{c_0}{\lambda} = R_f \left(\frac{1}{n^2} - \frac{1}{n'^2} \right)$$
$$(n < n')$$

wiedergegeben werden. Es bedeuten
$R_H = 1{,}096\ 775\ 854 \cdot 10^7$ m^{-1}
die *Rydberg-Konstante*
und
$R_f = R_H\,c_0 = 3{,}289\ 842\ 02 \cdot 10^{15}$ s^{-1}
die *Rydberg-Frequenz*.

Die ganzen Zahlen n und n' sind die *Hauptquantenzahlen* der Energieniveaus, zwischen denen der Übergang stattfindet. Jeder Wert $n = 1, 2, 3, \ldots$ kennzeichnet eine Spektralserie. Variiert man die Laufzahl von $n' = n + 1,\ n + 2,\ \ldots$ bis ∞, so ergeben sich alle zu einer Serie gehörenden Spektrallinien.

Name der Serie	n	n'	Spektralbereich
Lyman-Serie	1	2, 3, ...	Ultraviolett
Balmer-Serie	2	3, 4, ...	sichtbares Licht
Paschen-Serie	3	4, 5, ...	Infrarot
Brackett-Serie	4	5, 6, ...	Infrarot
Pfund-Serie	5	6, 7, ...	Infrarot
Humphrey-Serie	6	7, 8, ...	Infrarot

Mit wachsendem n' rücken die Linien immer enger zusammen. Für $n' \to \infty$ streben sie einer Häufungsquelle, der *Seriengrenze*

$$f_\mathrm{G} = \frac{R_f}{n^2} \; ; \qquad \lambda_\mathrm{G} = \frac{n^2}{R_\mathrm{H}}$$

zu. In der obigen Übersicht sind die sechs bekannten Spektralserien des Wasserstoffs zusammengestellt.

Den Serienformeln ist einfach zu entnehmen, daß die Energiezustände des Wasserstoffatoms, zwischen denen ein Übergang stattfindet, durch

$$E_{n'} = -\frac{h\,R_\mathrm{H}\,c_\mathrm{o}}{n'^2} \quad \text{und} \quad E_n = -\frac{h\,R_\mathrm{H}\,c_\mathrm{o}}{n^2}$$

gegeben sind. Der Grundzustand des Atoms ist mit $n = 1$ und

$$E_1 = -h\,R_\mathrm{H}\,c_\mathrm{o} = -13,6\ \mathrm{eV}$$ der Zustand der geringsten Energie. Der Elektronenzustand $n = \infty$ entspricht der Energie $E_\infty = 0$. Man muß dem Atom die *Ionisierungsenergie* $E_\mathrm{ion} = |E_1| = 13,6\ \mathrm{eV}$ zuführen, um das Elektron völlig aus dem Atomverband zu lösen. Im Gegensatz zum gebundenen Elektron vermag das befreite Elektron jede beliebige Energie aufzunehmen (*Grenzkontinuum*).

Sehr übersichtlich kann man diese Zusammenhänge in einem *Energieniveau*- oder *Termschema* graphisch darstellen (Abb. 86).

Jeder Energiezustand wird durch eine horizontale Gerade markiert. Vertikale Pfeile charakterisieren die Elektronenübergänge bzw. die Wellenzahlen der beobachteten Spektrallinien. Alle Spektralserien werden in Emission beobachtet, in Absorption normalerweise nur die Lyman-Serie.

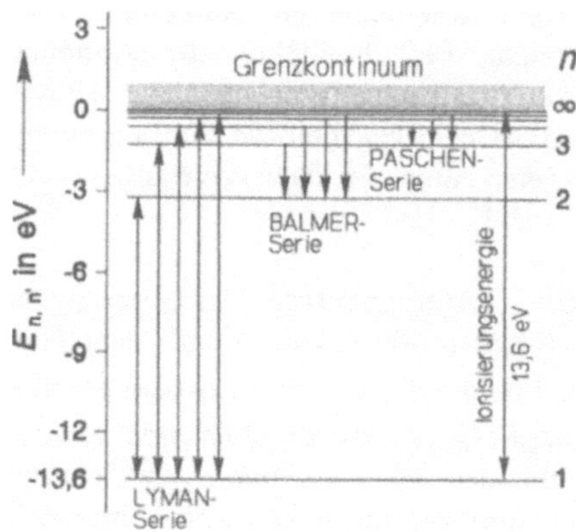

Abb. 86: Energieniveauschema des Wasserstoffatoms

16.4 Röntgenstrahlung. *Erzeugung.* Röntgenstrahlung ist eine energiereiche elektromagnetische Wellenstrahlung. Sie entsteht bei der Wechselwirkung beschleunigter Elektronen mit Materie. Abb. 87 zeigt den Aufbau einer *Röntgenröhre*. In einem hochevakuierten Glaskolben ($p < 10^{-4}$ Pa) stehen sich eine Glühkatode und eine massive Anode aus einem Metall (W, Cu, Mo) hoher Ordnungszahl und großer

Schmelztemperatur gegenüber. Die aus der beheizten Katode emittierten Elektronen werden durch die Spannung U_B (10 kV bis 250 kV) beschleunigt und prallen mit der kinetischen Energie $\frac{1}{2}m_e\,v^2 = e\,U_B$ auf das Anodenmaterial.

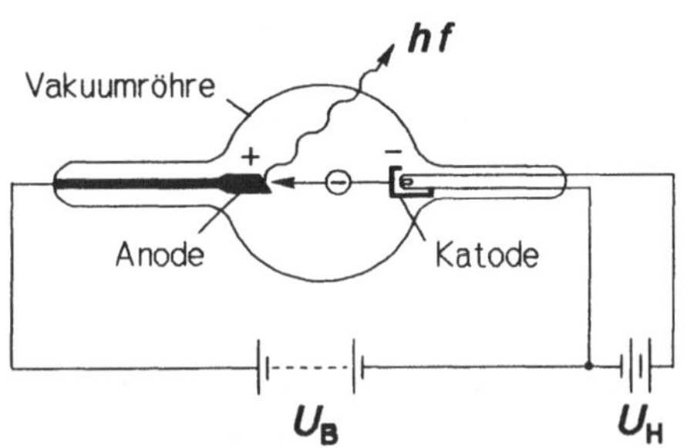

Abb. 87: Röntgenröhre

Bremsspektrum. Bei der plötzlichen Bremsung wird zwar der größte Teil der Elektronenenergie in Wärme Q verwandelt, der Rest aber unmittelbar in elektromagnetische Strahlung umgesetzt. Der Energieerhaltungssatz lautet daher

$$e\,U_B = h\,f + Q\,.$$

Die auf diese Weise erzeugte Strahlung heißt *Röntgenbremsstrahlung.* Da die abgebremsten freien Elektronen beliebige Energien in Form elektromagnetischer Wellen abgeben können, besitzt die Bremsstrahlung ein kontinuierliches Spektrum mit allen möglichen Frequenzen, das aber bei der Grenzfrequenz f_G abbricht (Abb. 88). Röntgenstrahlung maximaler Frequenz f_G oder minimaler Wellenlänge λ_G entsteht dann, wenn die gesamte Elektronenenergie $e\,U_B$ in Photonenenergie umgewandelt wird ($Q = 0$). Somit folgt

$$f_G = \frac{e\,U_B}{h} \quad \text{und} \quad \lambda_G = \frac{h\,c_o}{e\,U_B}\,.$$

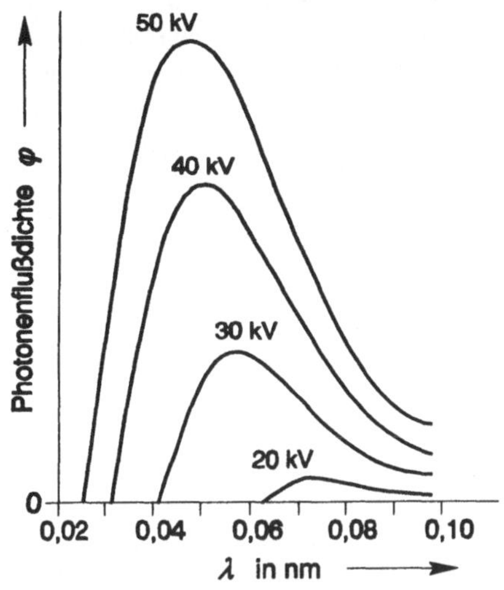

Abb. 88: Röntgenbremsspektrum

Das Bremsspektrum hängt nicht vom Anodenmaterial ab. Die Grenzwellenlänge ist umgekehrt proportional zur Beschleunigungsspannung.

Charakteristisches Röntgenspektrum. Dem kontinuierlichen Bremsspektrum überlagert sich ein einfaches Linienspektrum mit einer für das Anodenmaterial (Ordnungszahl Z) charakteristischen Struktur. Es wird wie Licht auf Grund von Übergängen zwischen diskreten Energieniveaus der Anodenatome emittiert. Während aber optische Spektren auf der Anregung der äußersten Leucht- oder Valenzelektronen beruhen, sind an der *charakteristischen Röntgenstrahlung* die Elektronen innerer Schalen der Atomhülle beteiligt. Auf die Anode treffende energiereiche Elektronen können aus einer vollbesetzten inneren Schale Elektronen herausschlagen. Beim nachfolgenden Übergang von Elektronen aus höheren Schalen in die entstandenen Lücken wird die freiwerdende Energie $\Delta E = E_{n'} - E_n$ als elektromagnetische Welle emittiert.

Wie die optischen Spektren gliedern sich auch die Spektren der charakteristischen Röntgenstrahlung in Serien. Alle Übergänge, die zur gleichen Schale führen, bilden eine Serie. Zur Beschreibung der charakteristischen Röntgenspektren reicht eine einzige Quantenzahl aus. Es gilt das allgemeine Seriengesetz

$$\frac{1}{\lambda} = \frac{f}{c_0} = R_H (Z - \sigma)^2 \left(\frac{1}{n^2} - \frac{1}{n'^2} \right).$$

Für $n = 1$, $n' = 2, 3, \ldots$ und $\sigma = 1$ erhält man die K-Serie, für $n = 2$, $n' = 3, 4, \ldots$ und $\sigma = 7,4$ die L-Serie des Atoms mit der Ordnungszahl Z. Die Konstante σ beschreibt die Abschirmung der Kernladung durch die Hüllenelektronen.

Der Übergang $n' = 2 \rightarrow n = 1$ ergibt die sogenannte K_α-Linie. Sie ist die intensivste Röntgenlinie jedes chemischen Elementes. Für ihre Wellenlänge gilt das *Moseleysche Gesetz*

$$\frac{1}{\lambda_{K_\alpha}} = \frac{3}{4} R_H (Z - 1)^2 .$$

Anwendungen. Die von W. C. RÖNTGEN im Jahre 1895 entdeckte Strahlung gehört zu den ionisierenden Strahlungsarten (s. 17.3). Ihren Wellencharakter hat M. v. LAUE 1912 durch Interferenz- und Beugungsexperimente an Kristallen nachgewiesen. Auf Grund der hohen Photonenenergie besitzt Röntgenstrahlung ein großes Durchdringungsvermögen.

Hauptanwendungsgebiete in der Medizin sind die klassische Röntgendiagnostik, die Röntgencomputertomographie und die Strahlentherapie. In der Technik wird Röntgenstrahlung zur zerstörungsfreien Werkstoffprüfung eingesetzt. Die Röntgenbeugung an Kristallgittern dient der Strukturaufklärung. Auf der Auswertung charakteristischer Röntgenspektren beruht die röntgenspektrometrische Elementanalyse.

17   Atomkern

17.1   Kernbausteine. Atomkerne bestehen aus zwei Arten von *Nukleonen*, den positiv geladenen *Protonen* ($Q_p = +e$) und den ungeladenen *Neutronen* ($Q_n = 0$). Die Protonen- oder Kernladungszahl Z ist identisch mit der Ordnungszahl (s. 16.1). Die Zahl der Neutronen im Kern heißt Neutronenzahl N. Somit gilt für die *Nukleonenzahl*

$$\boxed{A = Z + N .}$$

Atomkerne haben annähernd eine kugelsymmetrische Gestalt. Es ist daher möglich, einen *Kernradius R* zu definieren. Es gilt die empirische Beziehung

$$\boxed{R = r_0 \sqrt[3]{A}}$$

mit $r_0 \approx 1{,}4 \cdot 10^{-14}$ m.

Genaue Bestimmungen der Atommassen (s. 16.1) haben ergeben, daß die Masse jedes Atomkerns kleiner ist als die Summe der Massen der ihn bildenden Nukleonen. Der Fehlbetrag

$$\boxed{\Delta m = Z\, m_p + N\, m_n - m_k(^A_Z X)}$$

heißt *Massendefekt*. Es bedeuten m_p die Masse des Protons, m_n die Masse des Neutrons und $m_k(^A_Z X)$ die Kernmasse des Nuklids $^A_Z X$.

Da die Zahl der Hüllenelektronen gleich der Zahl der Protonen im Kern ist, kann der Massendefekt auch aus der Atommasse $m_a({}^A_Z X)$, der Masse des neutralen Wasserstoffatoms $m_a({}^1_1 H) = m_p + m_e$ und der Masse des Neutrons m_n berechnet werden:

$$\Delta m = Z\, m_a({}^1_1 H) + N\, m_n - m_a({}^A_Z X) \ .$$

Die Beiträge der Hüllenelektronen entfallen bei der Differenzbildung.

Nach der Äquivalenzbeziehung zwischen Masse und Energie entspricht dem Massendefekt die *Bindungsenergie* des Atomkerns

$$E_B({}^A_Z X) = \Delta m\, c_o^2 \ .$$

Diese Energie wird beim Kernaufbau freigesetzt. Andererseits muß sie aufgewendet werden, um den Kern in seine Bausteine zu zerlegen. $E_B({}^A_Z X)$ ist daher ein Maß für die Festigkeit der Nukleonenbindung.
Eine weitere Größe zur Charakterisierung der Stabilität eines Atomkerns ist die *mittlere Bindungsenergie je Nukleon*

$$f = \frac{E_B({}^A_Z X)}{A} \ .$$

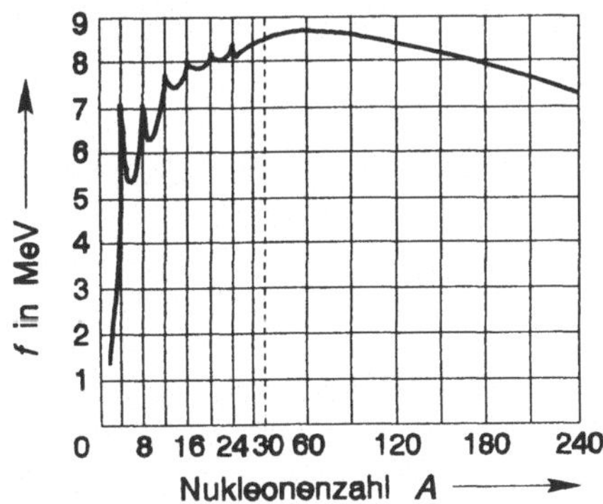

Abb. 89: Bindungsenergie f je Nukleon als Funktion der Nukleonenzahl A (Maßstabsänderung bei $A = 30$)

Diese Größe ist in Abb. 89 in Abhängigkeit von der Nukleonenzahl dargestellt.

Von einigen leichten Kernen abgesehen, ändert sich f im ganzen Bereich von A nur wenig. Der Abfall der f–Werte zu sehr leichten und sehr schweren Kernen hin ist aber von außerordentlich großer Bedeutung. Man kann aus diesem Verhalten den Schluß ziehen, daß sich Kernbindungsenergie prinzipiell auf zwei Wegen freisetzen läßt. Sowohl die Spaltung der schwersten Atomkerne (*Kernspaltung*) als auch die Verschmelzung leichter Kerne (*Kernfusion*) sind stark exotherme Vorgänge.

17.2   Radioaktivität. Die Stabilität oder Instabilität eines Nuklids wird durch das Verhältnis zwischen Protonen- und Neutronenzahl im Kern bestimmt. Der weitaus größte Teil der bekannten Nuklide ist instabil oder radioaktiv.

Radioaktivität ist die spontane Umwandlung instabiler Atomkerne unter Energieabgabe in Form von ionisierender Strahlung.

Die spontane Kernumwandlung ist ein statistischer Vorgang, der sich durch äußere Einwirkungen nicht beeinflussen läßt. Jeder Atomkern einer Gattung besitzt die gleiche Umwandlungswahrscheinlichkeit. Wenn zum Zeitpunkt t eine einheitliche radioaktive Substanz N Atome enthält, wandeln sich davon im Zeitintervall dt im Mittel

$$dN = -\lambda\, N\, dt$$

um. Die für das betreffende radioaktive Nuklid charakteristische Konstante λ heißt *Umwandlungskonstante*. Sie ist ein Maß für die Umwandlungswahrscheinlichkeit. Integration ergibt

$$\int_{N(0)}^{N(t)} \frac{dN}{N} = -\int_0^t \lambda\, dt \ ,$$

$$\ln N(t) - \ln N(0) = -\lambda\, t \ .$$

Daraus folgt das *exponentielle Umwandlungsgesetz*

$$N(t) = N(0)\, e^{-\lambda t}\,,$$

mit $N(t)$ Zahl der radioaktiven Atome zur Zeit t und $N(0)$ Ausgangszahl zum Zeitpunkt $t = 0$.

Zur Charakterisierung eines radioaktiven Nuklids verwendet man anstelle von λ häufig die *Halbwertzeit* $T_{1/2}$. Das ist diejenige Zeit, in der die Anzahl der vorhandenen Atome jeweils auf die Hälfte abnimmt. Zwischen $T_{1/2}$ und λ besteht die Beziehung

$$T_{1/2} = \frac{\ln 2}{\lambda} = \frac{0{,}693}{\lambda}\,.$$

In Abb. 90 ist die Umwandlungskurve der Atome einer isolierten radioaktiven Substanz dargestellt. Im einfach-logarithmischen Maßstab ergibt sich eine Gerade.

Die Zahl der Atomkerne einer radioaktiven Substanz ist der Messung nicht direkt zugänglich. Es kann aber die Umwandlungsrate oder *Aktivität A* ermittelt werden. Diese Größe ist der Atomzahl N proportional. Es gilt

$$A = -\frac{dN}{dt} = \lambda\, N\,,$$

Die Aktivität gibt die Anzahl der sich je Zeiteinheit umwandelnden Atomkerne eines radioaktiven Nuklids an.

Einheit der Aktivität:
$[A] = 1/\mathrm{s} = 1$ Becquerel (Bq).

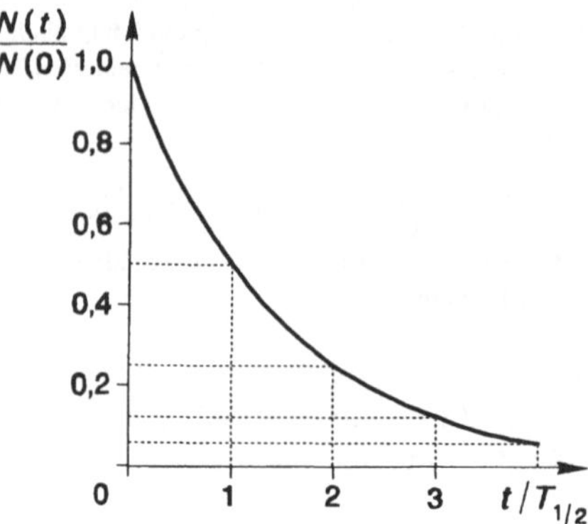

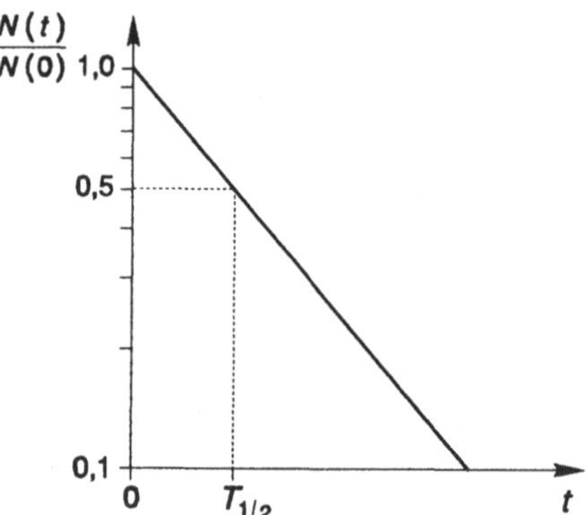

Abb. 90: Umwandlungskurve eines radioaktiven Nuklids in linearer und einfach-logarithmischer Darstellung

17.3 Ionisierende Strahlung. *Definition.*
Bei der Umwandlung radioaktiver Nuklide (s. 17.2), dem Betrieb von Röntgenröhren (s. 16.4) und infolge von Kernreaktionen (s. 17.4) entsteht energiereiche Strahlung, die beim Durchgang durch Stoffe Atome und Moleküle anregt und ionisiert. Unter *Ionisation* versteht man den Vorgang der Ionenbildung durch Abtrennung eines oder mehrerer Hüllenelektronen. Alle Strahlungsarten, die Ionisation hervorrufen, werden daher unter dem Begriff der *ionisierenden Strahlung* zusammengefaßt.

Man unterscheidet zwischen direkt und indirekt ionsierender Strahlung. *Direkt ionisierende Strahlung* besteht aus geladenen Teilchen (α-, β^--, β^+-Teilchen, Protonen usw.), deren kinetische Energie ausreicht, um durch Stoß Ionen zu erzeugen. *Indirekt ionisierende Strahlung* besteht aus ungeladenen Teilchen (Neutronen, Photonen der Röntgen- und γ-Strahlung), die im durchstrahlten Material geladene Sekundärteilchen freisetzen.

Licht gehört nicht zur ionisierenden Strahlung.

Alphastrahlung. Bei der α-*Umwandlung* radioaktiver Nuklide wird vom Atomkern ein Heliumkern $^4_2$He, das α-Teilchen, mit hoher kinetischer Energie ausgestrahlt. Dabei verringert sich die Nukleonenzahl um vier und die Ordnungszahl um zwei Einheiten:

$$^A_Z X \rightarrow {}^{A-4}_{Z-2} Y + \alpha \, .$$

Beispiel: $^{238}_{92}U \rightarrow {}^{234}_{90}Th + \alpha$.

Alphateilchen besitzen diskrete Energien im Bereich $4 \text{ MeV} < E_\alpha < 9 \text{ MeV}$. Die Reichweiten von α-Strahlung liegen in Luft zwischen 30 und 100 mm und in festen Stoffen bei einigen µm.

Betastrahlung. Die β-*Strahlung* radioaktiver Nuklide beruht auf der Fähigkeit der beiden Nukleonensorten, sich ineinander umzuwandeln. Man unterscheidet zwei Arten, die β^-- und die β^+-Umwandlung. Das Neutron kann in ein Proton und das Proton in ein Neutron übergehen. Auf Grund des Erhaltungssatzes für die elektrische Ladung emittiert der Kern dabei ein Elektron (β^--Teilchen) oder ein Positron (β^+-Teilchen). Außerdem wird noch ein elektrisch neutrales Teilchen, das Antineutrino $\bar{\text{v}}$ oder Neutrino v abgegeben. Bei der β-Umwandlung ändert sich die Ordnungszahl um eine Einheit, die Nukleonenzahl bleibt erhalten.

β^--*Prozeß*: $\qquad {}^1_0 n \rightarrow {}^1_1 p + {}^{\;0}_{-1}e(\beta^-) + \bar{\text{v}},$

$$^A_Z X \rightarrow {}^{\;A}_{Z+1} Y + \beta^- + \bar{\text{v}} \, .$$

Beispiel: $\qquad {}^{32}_{15}P \rightarrow {}^{32}_{16}S + \beta^- + \bar{\text{v}} \, .$

β^+-*Prozeß*: $\qquad {}^1_1 p \rightarrow {}^1_0 n + {}^{\;0}_{+1}e(\beta^+) + \text{v},$

$$^A_Z X \rightarrow {}^{\;A}_{Z-1} Y + \beta^+ + \text{v} \, .$$

Beispiel: $\qquad {}^{30}_{15}P \rightarrow {}^{30}_{14}Si + \beta^+ + \text{v} \, .$

Betastrahlung besitzt ein kontinuierliches Energiespektrum, das sich von sehr kleinen Energien bis zu einem Maximalwert $E_{\beta max}$ erstreckt. Die Maximalenergie liegt im Bereich $10 \text{ keV} < E_{\beta max} < 2 \text{ MeV}$. In Luft beträgt die maximale Reichweite der β-Strahlung einige Meter. Zur Abschirmung von β-Teilchen dienen Schutzschichten aus Plexiglas (kein Blei!) von etwa 15 mm Dicke.

Gammastrahlung. Nach einem α- oder β-Prozeß verbleibt der Folgekern oft in einem Zustand höherer Energie. Der Übergang in energetisch tiefer liegende Kernzustände erfolgt unter Aussendung von elektromagnetischer Strahlung (γ-Quanten, Photonen). Bei γ-*Übergängen* ändern sich Ordnungs- und Nukleonenzahl nicht.

Gammaspektren sind Linienspektren. Die γ-Energien der meisten radioaktiven Nuklide liegen im Bereich $50 \text{ keV} < E_\gamma < 2,5 \text{ MeV}$. Gammastrahlung gehorcht einem exponentiellen Schwächungsgesetz und besitzt daher keine definierte Reichweite. Sie kann nicht vollständig absorbiert, sondern nur geschwächt werden. Für die Schwächung erweisen sich Blei, Eisen und Barytbeton als besonders wirksam. Um die Flußdichte von γ-Strahlung mit der Photonenenergie $E_\gamma \approx 1 \text{ MeV}$ auf 1/10 ihres ursprünglichen Wertes zu schwächen, sind etwa 45 mm Blei nötig.

Neutronenstrahlung. Freie Neutronen werden mittels geeigneter Kernreaktionen (s. 17.4) auf künstlichem Wege erzeugt. Radioaktive Neutronenquellen beruhen auf den Reaktionen

$$^9_4\text{Be}(\alpha,\text{n})^{12}_6\text{C}; \quad ^9_4\text{Be}(\gamma,\text{n})^8_4\text{Be} .$$

Die stärksten Neutronenquellen sind die Kernreaktoren (Kernspaltung). Bei der Wechselwirkung von Neutronen mit Materie entstehen geladene Sekundärteilchen (Protonen, α-Teilchen).

Energiedosis. Durch die Wechselwirkung ionisierender Strahlung mit Atomen und Molekülen wird Energie auf Materie übertragen. Die Energieübertragung hat physikalische, chemische und biologische Wirkungen zur Folge. Die für Strahlungswirkungen maßgebende physikalische Größe ist die *Energiedosis*

$$D = \frac{dE}{dm} = \frac{1}{\rho} \frac{dE}{dV} .$$

Darin ist dE die mittlere Energie, die durch ionisierende Strahlung auf das Material in einem Volumenelement dV übertragen wird, und $dm = \rho \, dV$ die Masse des Materials mit der Dichte ρ in diesem Volumenelement.

Einheit der Energiedosis:
$[D] = 1$ J/kg $= 1$ Gray (Gy).

Der Differentialquotient der Energiedosis nach der Zeit heißt *Energiedosisleistung*:

$$\dot{D} = dD/dt .$$

Die biologische Wirkung ionisierender Strahlung wird nicht allein durch die Energiedosis, sondern durch die Strahlungsart und weitere Faktoren bestimmt. Schwere geladene Teilchen und Neutronen rufen bei gleicher Energiedosis wesentlich stärkere biologische Effekte hervor als Photonen- und Betastrahlung. Für die Belange des Strahlenschutzes wurde daher die *Äquivalentdosis H* eingeführt. Diese Größe ergibt sich aus der Energiedosis durch Multiplikation mit einem von der Strahlungsqualität abhängigen Bewertungsfaktor q:

$$H = q \, D .$$

Einheit der Äquivalentdosis:
$[H] = 1$ J/kg $= 1$ Sievert (Sv).

Strahlung	q in Sv/Gy
Röntgen- und Gammastrahlung, Betastrahlung, Elektronen und Positronen	1
Neutronen nicht bekannter Energie	10
Alphastrahlung aus Radionukliden	20

17.4   Kernreaktionen. Die Umwandlung eines radioaktiven Atomkerns ist eine exotherm verlaufende mononukleare Reaktion. Seit den grundlegenden Untersuchungen von E. RUTHERFORD im Jahre 1919 kennt man "echte" *binukleare Reaktionen*. Eine derartige Kernreaktion kann wie eine chemische Gleichung geschrieben werden. Ein ruhender Targetkern X (target, engl. = Schießscheibe) wird durch ein eindringendes Geschoßpartikel x in unmeßbar kurzer Zeit in einen anderen Kern Y umgewandelt, wobei ein Teilchen y entsteht:

$$X + x \rightarrow Y + y .$$

Oft wird die verkürzte Schreibweise

$$X(x,y)Y$$

benutzt. Kernreaktionen können durch geladene und ungeladene Teilchen ausgelöst werden. Die wichtigsten Geschoßpartikel sind Neutronen (n), Protonen (p), Deuteronen (d) und α-Teilchen (^4_2He). Der in der

Kernreaktion gebildete Produktkern Y kann stabil oder radioaktiv sein.

In der Rutherfordschen Reaktion wandeln sich Stickstoffkerne durch Beschuß mit energiereichen α-Teilchen unter Emission von Protonen in Sauerstoffkerne um:

$$^{14}_{7}\text{N} + ^{4}_{2}\text{He} \rightarrow ^{17}_{8}\text{O} + ^{1}_{1}\text{H} \quad \text{oder}$$

verkürzt $\quad ^{14}_{7}\text{N}(\alpha,\text{p})^{17}_{8}\text{O}$.

Bei allen Kernreaktionen sind die Erhaltungssätze der Energie, des Impulses, des Drehimpulses, der Nukleonenzahl und der elektrischen Ladung erfüllt. Die Veränderung von Nukleonenzahl A und Ordnungszahl Z eines Kernes bei verschiedenen Kernreaktionen ist aus Abb. 91 ersichtlich.

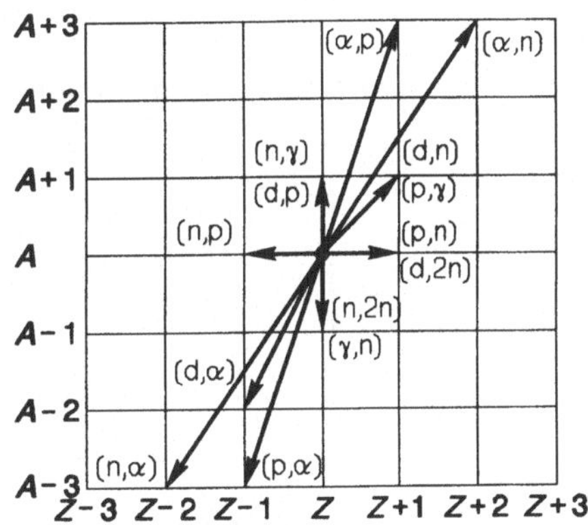

Abb. 91: Änderung von Nukleonen- und Ordnungszahl bei den wichtigsten Kernreaktionen ("Reaktionsspinne")

Kernreaktionen verlaufen wie chemische Reaktionen exotherm unter Freisetzung oder endotherm unter Verbrauch von Energie. Im Vergleich mit chemischen Reaktionen ist ihre Energietönung aber etwa 10^5 mal größer. Unter Berücksichtigung der *Reaktions-*

energie Q ist eine Kernreaktion vollständig in der Form

$$\text{X} + \text{x} \rightarrow \text{Y} + \text{y} + Q$$

zu schreiben. Der Q-Wert berechnet sich aus dem Massendefekt:

$$Q = \Delta m\, c_o^2$$
$$= \left\{ [m_k(\text{X}) + m_k(\text{x})] - [m_k(\text{Y}) + m_k(\text{y})] \right\} c_o^2 \ .$$

Ist $Q > 0$, dann nennt man die Reaktion *exotherm*. Ist $Q < 0$, so spricht man von einer *endothermen* Kernreaktion.

Eine besonders bedeutungsvolle Kernreaktion ist die 1938 von O. HAHN und F. STRASSMANN entdeckte *Kernspaltung*. Der Uraniumkern $^{235}_{92}\text{U}$ wird beim Beschuß mit thermischen Neutronen ($E_n \approx 0,025$ eV) in zwei schwere Bruchstücke gespalten. Bei jeder Spaltung werden außerdem zwei oder drei Neutronen emittiert. Am häufigsten tritt die Spaltung in zwei Kerne mit Nukleonenzahlen um 94 bis 96 und 139 bis 141 auf. Die Spaltfragmente sind sämtlich radioaktiv. Der Uraniumkern kann in unterschiedlicher Weise aufspalten. Dabei entstehen mehr als 80 Spaltfragmente. Eine mögliche Spaltungsreaktion ist

$$^{235}_{92}\text{U} + ^{1}_{0}\text{n} \rightarrow ^{236}_{92}\text{U} \rightarrow ^{141}_{56}\text{Ba} + ^{93}_{36}\text{Kr} + 2\,^{1}_{0}\text{n} + \gamma \ .$$

Die Kernspaltung ist stark exotherm. Bei der Spaltung eines Uraniumkerns wird die Energie $Q \approx 200$ MeV frei. Da bei jeder Spaltung im Mittel 2,5 neue Neutronen entstehen, ist die Möglichkeit erneuter Spaltungen in einer *Kettenreaktion* gegeben.

Die Kernspaltung wird in *Kernreaktoren* technisch genutzt. Als Kernbrennstoffe dienen die Uraniumnuklide $^{235}_{92}\text{U}$ und $^{233}_{92}\text{U}$ sowie das Plutoniumnuklid $^{239}_{94}\text{U}$.

Anhang

Einige mathematische Beziehungen

Geometrie
Kreis vom Radius r:
Umfang $s = 2\pi\, r$
Fläche $A = \pi\, r^2$

Kugel vom Radius r:
Oberfläche $A = 4\pi\, r^2$
Volumen $\quad V = \dfrac{4}{3}\pi\, r^3$

Gerader Kreiszylinder der Höhe h:
Oberfläche $A = 4\pi\, r^2 + 2\pi\, r\, h$
Volumen $V = \pi\, r^2\, h$

Quadratische Gleichung
Die quadratische Gleichung
$$a\, x^2 + b\, x + c = 0$$

hat die Lösungen $\quad x_{1,2} = \dfrac{-b \pm \sqrt{b^2 - 4ac}}{2a}$

Trigonometrie
Satz von Pythagoras
$$a^2 + b^2 = c^2$$

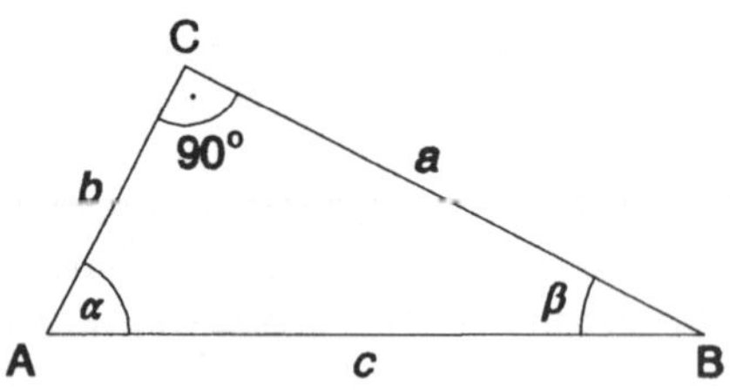

Abb. 92: Rechtwinkliges Dreieck

Winkelfunktionen

$$\text{Sinus} \;=\; \frac{\text{Gegenkathete}}{\text{Hypothenuse}}; \quad \sin \alpha = \frac{a}{c}$$

$$\text{Kosinus} \;=\; \frac{\text{Ankathete}}{\text{Hypothenuse}}; \quad \cos \alpha = \frac{b}{c}$$

$$\text{Tangens} \;=\; \frac{\text{Gegenkathete}}{\text{Ankathete}}; \quad \tan \alpha = \frac{a}{b}$$

$$\tan \alpha = \frac{\sin \alpha}{\cos \alpha}; \quad \sin^2 \alpha + \cos^2 \alpha = 1;$$

$$\sin 2\alpha = 2 \sin \alpha \cos \alpha;$$
$$\sin (\alpha \pm \beta) = \sin \alpha \cos \beta \pm \cos \alpha \sin \beta;$$

$$\sin \alpha + \sin \beta = 2 \sin \frac{\alpha + \beta}{2} \cos \frac{\alpha - \beta}{2}.$$

Für $\alpha \ll 1$ (α in Radiant) reichen folgende *Näherungen*:
$$\sin \alpha \approx \tan \alpha \approx \alpha; \quad \cos \alpha \approx 1.$$

Exponential- und Logarithmusfunktion

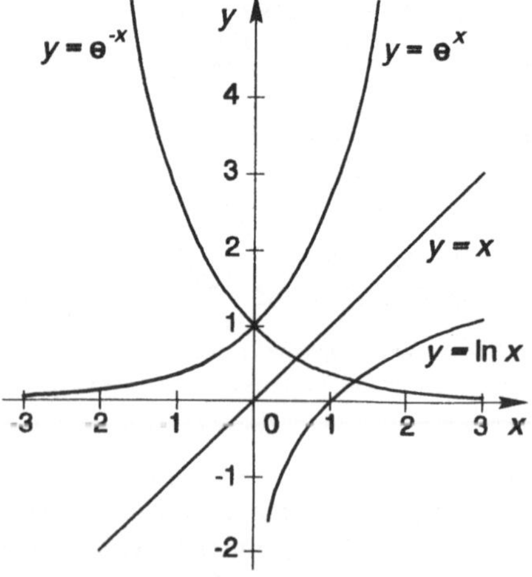

Abb. 93: Exponential- und Logarithmusfunktion

Eulersche Zahl

$$e = \lim_{n \to \infty} (1 + \frac{1}{n})^n = 2{,}7182818\dots$$

Exponentialfunktion

$y = e^x$ und $y = e^{-x}$
(Üblich ist auch die Schreibweise
$e^x = \exp x$.)

Natürlicher Logarithmus, zur Basis e
$y = \ln x$, wenn $x = e^y$.

Dekadischer Logarithmus, zur Basis 10
$y = \log_{10} x = \lg x$, wenn $x = 10^y$.

Beziehung zwischen natürlichem und dekadischem Logarithmus

$\lg x = 0{,}43429 \ln x$; $\ln x = 2{,}30259 \lg x$.

Für $x \ll 1$ reichen folgende *Näherungen*:
$e^x \approx 1 + x$; $\ln (1 + x) \approx x$.

Ableitungen einiger Funktionen

Funktion $y(x)$	Ableitung $\dfrac{dy}{dx}$
C (Konstante)	0
x	1
x^n	$n\, x^{n-1}$
e^x	e^x
$\ln x$	$\dfrac{1}{x}$
$\lg x$	$\dfrac{0{,}43429}{x}$
$\sin x$	$\cos x$
$\cos x$	$-\sin x$
$\tan x$	$\dfrac{1}{\cos^2 x}$

Einige unbestimmte Integrale

Funktion $y(x)$	unbestimmtes Integral $\int y(x)\, dx$
x^n	$\dfrac{x^{n+1}}{n + 1}\ (n \neq -1)$
$\sin x$	$-\cos x + C$
$\cos x$	$\sin x + C$
e^x	$e^x + C$
$\dfrac{1}{x}$	$\ln |x| + C\ (x \neq 0)$

Griechisches Alphabet

Buchstabe		Name	Buchstabe		Name
A	α	Alpha	N	ν	Ny
B	β	Beta	Ξ	ξ	Xi
Γ	γ	Gamma	O	o	Omikron
Δ	δ	Delta	Π	π	Pi
E	ε	Epsilon	P	ρ	Rho
Z	ζ	Zeta	Σ	σ	Sigma
H	η	Eta	T	τ	Tau
Θ	ϑ	Theta	Y	υ	Ypsilon
I	ι	Jota	φ	φ	Phi
K	κ	Kappa	X	χ	Chi
Λ	λ	Lambda	Ψ	ψ	Psi
M	μ	My	Ω	ω	Omega

Physikalische Konstanten

Die in Klammern am Ende der Zahlenwerte angegebene Unsicherheit bedeutet die einfache Standardabweichung.

Gravitationskonstante	G	$= 6{,}672\ 59(85) \cdot 10^{-11}\ \mathrm{m^3\ kg^{-1}\ s^{-2}}$
Normfallbeschleunigung	g_n	$= 9{,}806\ 65\ \mathrm{m\ s^{-2}}$
Avogadro-Konstante	N_A	$= 6{,}022\ 136\ 7(36) \cdot 10^{23}\ \mathrm{mol^{-1}}$
Atommassenkonstante	u	$= 1{,}660\ 540\ 2(10) \cdot 10^{-27}\ \mathrm{kg}$
Boltzmann-Konstante	k	$= 1{,}380\ 658(12) \cdot 10^{-23}\ \mathrm{J\ K^{-1}}$
universelle Gaskonstante	R	$= 8{,}314\ 510(70)\ \mathrm{J\ mol^{-1}\ K^{-1}}$
Lichtgeschwindigkeit im Vakuum	c_o	$= 2{,}997\ 924\ 58 \cdot 10^{8}\ \mathrm{m\ s^{-1}}$
elektrische Feldkonstante	ε_o	$= 8{,}854\ 187\ 817\ \ldots\ 10^{-12}\ \mathrm{A\ s\ V^{-1}\ m^{-2}}$
magnetische Feldkonstante	μ_o	$= 4\pi \cdot 10^{-7}\ \mathrm{V\ s\ A^{-1}\ m^{-1}}$ $= 12{,}566\ 370\ 614\ \ldots\ 10^{-7}\ \mathrm{H\ m^{-1}}$
Elementarladung	e	$= 1{,}602\ 177\ 33(49) \cdot 10^{-19}\ \mathrm{C}$
Planck-Konstante	h	$= 6{,}626\ 075\ 5(40) \cdot 10^{-34}\ \mathrm{J\ s}$
Ruhemasse des Elektrons	m_e	$= 9{,}109\ 389\ 7(54) \cdot 10^{-31}\ \mathrm{kg}$
Ruhemasse des Protons	m_p	$= 1{,}672\ 623\ 1(10) \cdot 10^{-27}\ \mathrm{kg}$
Ruhemasse des Neutrons	m_n	$= 1{,}674\ 928\ 6(10) \cdot 10^{-27}\ \mathrm{kg}$
Rydberg-Konstante	R_H	$= 1{,}096\ 775\ 854(83) \cdot 10^{7}\ \mathrm{m^{-1}}$
Rydberg-Frequenz	R_f	$= 3{,}288\ 051\ 29(25) \cdot 10^{15}\ \mathrm{s^{-1}}$
Compton-Wellenlänge des Elektrons	λ_C	$= 2{,}426\ 310\ 58(22) \cdot 10^{-12}\ \mathrm{m}$

Empfehlenswerte Bücher

Grundlagenlehrbücher für Studierende technischer Fachrichtungen

DOBRINSKI, P.; KRAKAU, G.; VOGEL, A.: Physik für Ingenieure. Stuttgart: Teubner-Verlag 1993.

GERLACH, E.; GROSSE, P.: Physik - Eine Einführung für Ingenieure. Stuttgart: Teubner-Verlag 1991.

GRIMSEHL, E.: Lehrbuch der Physik. Bd. 1-4. Leipzig: Teubner-Verlag 1988-1991.

HERING, E.; MARTIN, R.; STOHRER, M.: Physik für Ingenieure. Düsseldorf: VDI Verlag 1995.

NIEDRIG, H.: Physik. Berlin, Heidelberg: Springer-Verlag 1992.

SCHNEIDER, H. A.; ZIMMER, H.: Physik für Ingenieure. Bd. I, II. Leipzig: Fachbuchverlag 1989, 1991.

STROPPE, H.: Physik. Leipzig: Fachbuchverlag 1994.

Grundlagenlehrbücher für Studierende der Medizin, Pharmazie und Biowissenschaften

BEIER, W.; PLIQUETT, F.: Physik. Für das Studium der Medizin, Biowissenschaften, Veterinärmedizin. Leipzig: Johann Ambrosius Barth Verlag 1987.

GONSIOR, B.: Physik für Mediziner, Biologen und Pharmazeuten. Stuttgart, New York: Schattauer Verlag 1994.

HARTEN, H. U.: Physik für Mediziner. Berlin, Heidelberg: Springer-Verlag 1995.

JAHRREISS, H.; NEUWIRTH, W.: Einführung in die Physik. Für Mediziner und Naturwissenschaftler, insbesondere Biologen und Pharmazeuten. Köln: Deutscher Ärzte Verlag 1993.

KAMKE, D.; WALCHER, W.: Physik für Mediziner. Stuttgart: Teubner-Verlag 1994.

TRAUTWEIN, A.; KREIBIG, U.; OBERHAUSEN, E.: Physik für Mediziner, Biologen, Pharmazeuten. Berlin, New York: Verlag Walter de Gruyter 1987.

Aufgabensammlungen

DEUS, P.; STOLZ, W.: Physik in Übungsaufgaben. Stuttgart, Leipzig: Teubner-Verlag 1994.

DÖRR, F.: Physikalische Aufgaben. München, Wien: Oldenbourg Verlag 1994.

FLEISCHMANN, R.; LOOS, G.: Übungsaufgaben zur Experimentalphysik. Weinheim: VHC Verlagsgesellschaft 1994.

GERLACH, E.; GROSSE, P.; GERSTENHAUER, E.: Physik-Übungen für Ingenieure. Stuttgart: Teubner-Verlag 1995.

HEINEMANN, H. (Federf.): Physik in Aufgaben und Lösungen. Leipzig: Fachbuchverlag 1994.

LINDNER, H.: Physikalische Aufgaben. Leipzig: Fachbuchverlag 1992.

Anleitungen zum Physikalischen Praktikum

BECKER, J.; JODL, H. J.: Physikalisches Praktikum für Naturwissenschaftler und Ingenieure. Düsseldorf: VDI Verlag 1991.

van CALKER, J.; KLEINHANSS, H. R.: Physikalisches Kurspraktikum für Mediziner und Naturwissenschaftler. Stuttgart, New York: Schattauer Verlag 1989.

GLASS, K.; PLIQUETT, F.; RÖDENBECK, M.; WIEGEL, D.; WUNDERLICH, S.: Biophysikalisches Praktikum. Leipzig, Stuttgart, New York: Georg Thieme Verlag 1991.

ILBERG, W. (Begr.); GESCHKE, D. (Hrsg.): Physikalisches Praktikum. Stuttgart, Leipzig: Teubner-Verlag 1994.

WALCHER, W.: Praktikum der Physik. Stuttgart: Teubner-Verlag 1994.

Sachwortverzeichnis

Deus/Stolz
**Physik in
Übungsaufgaben**

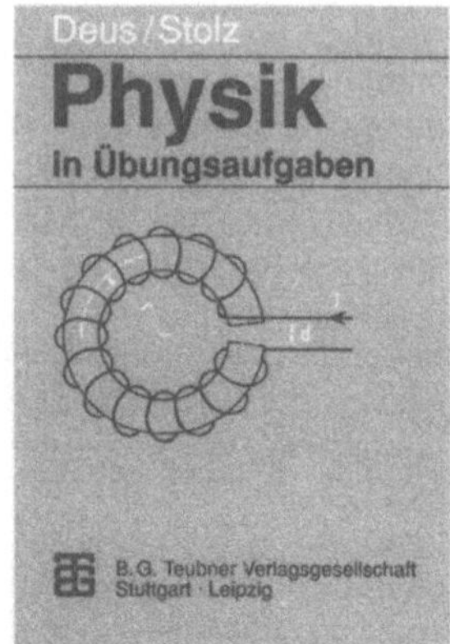

Dieses Buch wendet sich an Studenten der Natur- und Ingenieurwissenschaften in den ersten Semestern. Eine Fülle von Fragen und einfachen Übungsaufgaben aus allen Gebieten der Physik dient der Festigung und Vertiefung des in den Grundvorlesungen gebotenen Stoffes.
Lösungen, Lösungshinweise und Zusammenstellungen der SI-Einheiten sowie grundlegender physikalischer Formeln komplettieren das Buch. Insbesondere wird den Studierenden eine gezielte Anleitung für das Selbststudium gegeben, um sie zu befähigen, das Physik-Examen im Rahmen des Vordiploms erfolgreich zu bestehen.

Von Dr.
Peter Deus
und Prof. Dr.
Werner Stolz,
Technische Universität –
Bergakademie Freiberg

1994. 319 Seiten
mit 201 Bildern.
16,2 x 22,9 cm.
Kart. DM 34,80
ÖS 272,– / SFr 34,80
ISBN 3-8154-3015-1

**B. G. Teubner Verlagsgesellschaft
Stuttgart · Leipzig**